水份、皮脂、透明度、張力、代謝——全部滿分！
強化肌膚的五角戰力，
量身打造「年齡不明肌」！

李美青醫師 著

美肌
進化論！

推薦序

以進化代替老化，享受美麗與青春！

2003年初春，FORTE品牌在期盼下誕生！在這百花爭鳴的大環境中，抱持著台塑集團董座「要做就做最好的」理念，我期待FORTE是個親民的台灣保養品牌，堅持走出一條長遠的道路。看著FORTE過去像是牙牙學語的孩子，到現在準備上小學的年齡，這一路走來，我們比其它品牌多著那麼一份幸運，因為除了擁有「台塑生醫」之美容保養與生物科技專才，整合「長庚大學」之研發能力，以及「長庚醫院」之臨床測試，我們希望台灣女性的肌膚，能夠擁有專屬且專業的醫學團隊呵護！

與美青醫師結識，即是在七年前FORTE品牌創立初期的「產、醫、學」會議中。首次見面時，與大家一樣驚艷於她外表的「美」麗與「青」春，我心想美青醫師果真人如其名，在意美麗的醫師，絕對能夠瞭解女性對於漂亮的執著；在意青春的醫師，必定能夠理解女性對於抗老的決心。因此，美青醫師對於肌膚的吹毛求疵的心態，不僅在治療時視病猶親，也反應在FORTE產品的要求上。

美青身為長庚醫院皮膚科主治醫師，亦擔任長庚技術學院化妝品應用系講師，彙整了醫院及大學的豐富資源，這七年來，對學齡前FORTE的成長而言，兼任了「醫」與「師」兩個角色。在醫的部份，從新品開發之際，由臨床經驗中提供產品研發的意見；在師的部份，在新品上市之前，從醫學理論中切入產品教學的建議。

在遇到肌膚問題時，大家可能先上網搜尋維基百科，google相關資訊，或是查看奇摩知識＋，瞭解各方網友的意見。但是聽大家怎麼說，不如聽專業皮膚科醫師的建議。對我而言，美青醫師如同「美肌百科」一般，總是能迅速完整地回應相關問題。如今她花了二年多的時間，重整了她如同硬碟般的腦袋，將寶貴的美肌知識與經驗，毫無保留地與你我分享。

閱讀這本《美肌進化論》，我們可以發現，美青醫師站在「醫」與「師」兩個角度撰寫，分別以兩個講堂，由淺入深為大家解說如何打造極致美肌。細讀文句，彷彿美青醫師在身旁諮詢一般，對於保養常識的叮嚀或是醫美觀念的導正，她不僅提供臨床醫學的建議，也分享親身體驗的過程，藉由「醫師」的角度，讓你的肌膚享受「美麗」與「青春」，以「進化」取代「老化」，體驗極致美肌，想不美也難！

台塑生醫科技公司董事長
王 瑞 瑜

推薦序
專業的美麗讓我美麗得很專業！

第一次給她看診時，我以為又遇到一個虛有其表的皮膚科醫師了。

是的，「又」。

我的皮膚狀況老是時好時壞，好的時候人人誇：「哇！你皮膚好好喔！」，但差的時候卻是痘子、粉刺狂冒，嚴重的時候連工作也不能接，因為真是見不了人。

而我可以說是看遍了可以看的皮膚科醫師，卻沒有一個醫師能讓我的狀況真正的穩定下來。

當我去找美青醫師的那天，她長髮清純的美麗模樣首先讓我暫時安了心，因為我始終認定：只有美女能懂得需要美麗的心情！

但她的反應卻讓我的安心馬上消失。

因為她只定定的看了我的皮膚三秒鐘，用手摸了我的皮膚兩秒鐘，就十分果斷的說：「沒問題，交給我！」。

每一個我曾經看過的醫師都是這樣說的，但卻從來沒有一個醫師能真的像他們所保證的那樣，「沒問題」。所以我以為這又是一次沒有用的看診。

但是我依然像以前每次看診時一樣，會先乖乖的接受醫師所安排的療程，只是我的心裡的確沒有抱著任何希望。

在第一次飛梭雷射治療之後，她要我做果酸治療。但我堅持不肯。因為以前曾經在皮膚診所做過，那次的經驗實在令我太難忘了！我的臉不但完全沒有變得光滑細緻，反而嚴重脫皮、過敏、紅腫了好久！最誇張的是，等到做完了，臉也

爛了，醫師才跟我說：「蔡小姐，因為你的皮膚比較敏感，所以…」，但身為醫師的，應該要在做療程之前，就要知道我的膚質適不適合做吧？

後來在美青醫師溫柔而堅定的要求下，我就抱著「若這次我的臉爛了，看你怎麼說」的心態，接受了果酸的治療。

但這次的果酸經驗竟然與我之前的完全不同！過程中不但沒有任何灼熱刺痛感，之後也完全沒有脫皮或紅腫的狀況！

做了三次之後，我不管拍戲、主持、出書趕稿的熬夜……我都再也沒長過那些討人厭的東西。

在與她的接觸中，我一直覺得她有一種奇妙的、讓人不得不相信的果決感。總是能清楚我需要的治療是什麼。後來看到她這本書我才終於懂了。

原來她是一個一直在進步、一直在充實、也一直勇於嘗試以獲得更多經驗值的醫師。她總是能站在「愛漂亮的人」的角度，幫大家思考與解決問題。就因為她總是用心，所以她才總是精準。

這本書是她用了兩年多的時間親自試用、實驗，以一個「愛漂亮的女生」的角度，設身處地的為需要的人提供真正用得到的資訊，就像一本厲害的美麗年鑑，讀者讀來清楚，也受用。翻開這本書，我相信你／妳會跟我一樣幸運！

蔡 燦 得

自序

「美肌要進化，
不要老化！」

在寫完本書的最後一個章節後，兩年多來心中隱約存在的一股壓力終於釋放了。回想三年前文經社向我邀稿，希望我能以專業皮膚科醫師的角度寫一本有關醫學美容的書，當主編問我需要多久的書寫時間時，我心想這不是我每天的工作內容嗎？所以我信誓旦旦的答應幾個月就可以完成了。可是當我真正開始執行寫書的工作時，才發現其實它並沒有想像中那麼的簡單。也許是個性使然，如同我治療病人時務求盡善盡美的態度，加上如何透過深入淺出的文字讓讀者瞭解以及養成正確的醫學美容知識與習慣並不容易，我和主編經歷多次的討論，希望能給讀者最直接、最實用的美容資訊，現在終於拍板定案。

在寫這本書時，我也結合了專業皮膚科醫師和愛美女生的兩個角色，創作時我不僅僅只是以專業的皮膚醫學知識的論點出發，也不時的把自己拉回一個就是單純愛美的女生的位置來思考寫作，因為我希望這是能讓讀者一讀上手的美容工具書，而不是一本make sense可是卻過度深奧的美容教科書。

從事臨床工作多年，門診中時常會聽到許多似是而非、光怪陸離的醫美現象，有時候往往需用很多時間與心力才能更正這些錯誤的觀念，再者在這個美容知識爆炸的年代，很多人總認為許多疑問只要google一下，就可以找到相關資訊，可惜它並不一定就是正確的解答，更未必可以回答你心中的疑問。也正因為這些因素，讓我即使在繁忙的臨床工作之餘，有了創作動力的來源，並得以不怠惰的完成整個書寫工作。

在自然定律中，肌膚隨著年齡老化是既定的法則，但在你我身邊總有些人看起來特別年輕，其實只要用對保養方法，你的美肌可以是「進化」而不是「老化」，「30＜20；40＜30」也不是不可能的任務。這本美容書就是希望提供讀者完整資訊，從簡易的基礎保養到進階保養，循序漸進的告訴你正確的保養觀念和錯誤的迷思，希望能讓愛美的你省下冤枉錢，一出手就買到適合自己的保養品；從最流行、最夯的醫美雷射治療到微整型，一一加以剖析介紹，讓想嘗試微整型卻深受許多迷思困惱而裹足不前的人，放膽接受醫美治療。

快跟著我一起翻開《美肌進化論》吧！讓肌齡戰勝年齡，就是現代女性最簡單的保養方式。每個愛美的女性絕對都能輕易擁有「無瑕美肌」、「無齡美肌」！

李 美 青

目次

2 ｜ 推薦序／以進化代替老化，享受美麗與青春！／王瑞瑜

3 ｜ 推薦序／專業的美麗讓我美麗得很專業！／蔡燦得

4 ｜ 自序／美肌要進化，不要老化！

極致美肌第一講堂

P12 ｜ PART／01　美肌基本功做好了沒？

14 ｜ 簡單做好自我肌膚檢測

17 ｜ 油性肌美人的基礎保養

21 ｜ 中性肌美人的基礎保養

22 ｜ 乾性肌美人的基礎保養

23 ｜ 混合肌美人的基礎保養

24 ｜ 只要10分鐘，智能保養新觀念

26 ｜ 問吧！最容易搞錯的保養Q&A，徹底說清楚！

28 ｜ ［基礎保養篇］
33款平價好用醫美級保養品大推薦！

**P44 ｜ PART／02　簡單調理
先天性危「肌」逐一解除**

46 ｜ 膚質不NG！問題肌美人看招！

46 ｜ 又紅又癢的敏感肌

49 ｜ 臉上佈滿血管的酒糟肌OUT！

52 ｜ 外油內乾肌美人，都因保養過當

54 ｜ ［敏感肌保養篇］
8款平價好用醫美級保養品大推薦！

P58 **PART／03　深度保濕、打造ㄉㄨㄞ ㄉㄨㄞ美肌**

60　做好基礎保濕、保養事半功倍

62　保濕產品的作用與三大分類

66　找到最MATCH膚質的保濕品

68　問吧！最容易搞錯的保濕Q&A，徹底說清楚！

70　［保濕篇］
26款平價好用醫美級保養品大推薦！

P80 **PART／04　美白✕防曬大作戰**
**　　　　　　淨白美女不是夢**

82　素肌美人第一課：美白、防曬嚴陣以待

82　解讀基因膚色密碼

86　認清楚！有效美白的明星成份

90　確認斑點種類，對症下藥

92　就是這瓶！美白肌膚的好幫手

96　問吧！有關美白的Q&A，一次搞清楚！

98　［美白篇］
14款平價好用醫美級保養品大推薦！

P104 **PART／05　防老✕抗皺　無齡美肌正流行**

106　抗氧化保養應從25歲開始

108　「預防系」保養概念——打造年齡不明肌

109　抗老抗皺保養品大剖析

113　外擦內服 肌齡讓人看不透

114　　[抗老防皺篇]
　　　15款平價好用醫美級保養品大推薦！

P120　PART／06　全方位美人的BODY保養對策

122　零瑕疵！不能忽略的身體保養
124　變迷人！保養沒死角 一身好膚質
126　　[身體保養篇]
　　　9款平價好用醫美級保養品大推薦！

極致美肌第二講堂

P132　PART／01　體驗微整型的神奇魔力

134　明星愛、趨勢熱、新技術
135　你需要做微整型嗎？
137　想去做微整型之前……

P138　PART／02　熱門10大雷射美容大解析

140　1) 鉺雅鉻雷射：痘疤、黑痣的剋星
141　2) 銣雅鉻雷射：擊退討人厭的曬斑
142　3) 紅寶石雷射：胎記、黑斑通通說bye bye！
143　4) 淨膚雷射：美白、緊縮毛孔好行！
144　5) 脈衝光：除斑加回春、一舉兩得！
146　6) 飛梭雷射：醫美當紅炸子雞！
148　7) 光波拉皮：緊緻拉提肌膚好幫手！

149 | 8）電波拉皮：終結「肉鬆」最佳武器！

150 | 9）亞歷山大除毛雷射：和毛手毛腳說再見

151 | 10）脈衝染料雷射：「蜘蛛臉」的剋星

152 | 問吧！關於雷射美容的Q&A，一次搞清楚！

156 | ［術後修復保養篇］
6款平價好用醫美級保養品大推薦！

P158 | **PART／03　3天變美不動刀**

160 | 1）肉毒桿菌素：熟女的救星

162 | 2）玻尿酸讓你瞬間變年輕！

166 | 3）微晶瓷：隆鼻新武器

169 | 問吧！關於微整型的Q&A，一次都搞清楚！

170 | 結語／「進化系」美女，加油！

極致美肌
第一講堂

Lesson 1
to
Beautiful Skin

PART／01

美肌基本功
做好了沒？

了解自己的膚質屬性、選擇適用的保養品，是美肌的首要功課！

Easy Exams of Skin /
簡單做好自我肌膚檢測

聰明保養第一步，了解你的膚質屬性

　　我買下了生平第一瓶保養品，是在若干年前的大學聯考後，那時的我當然對皮膚保養一竅不通，面對專櫃小姐口若懸河的行銷手法，覺得自己的皮膚糟透了，如果不擦那些保養品，我的人生是黑白的，不知不覺就買了洗面乳、化妝水、日霜、晚霜、精華液等一系列約五六瓶的保養用品。相信各位姊妹和我一樣都有這樣的經驗，可是往往這些保養品買回家後才發現並不適合自己的膚質，只好又去買了另外一個品牌，一直的「brand shopping」，可是還是找不到合適好用的保養品。面對這樣的困惱，其實你可以有聰明的方法應對，第一步就是了解自己的膚質屬性。

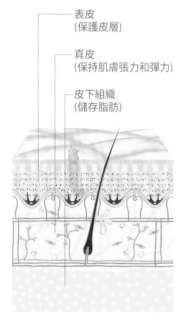

表皮
(保護皮層)

真皮
(保持肌膚張力和彈力)

皮下組織
(儲存脂肪)

　　想要了解自己的膚質屬性，首先我們還是要從認識皮膚構造開始，我們的皮膚由外而內可以分為三層：分別為表皮、真皮、皮下組織

　　● 表皮層：位於皮膚的最外層，整層都由似磚塊狀的角質細胞構成，底層有基底細胞以及會形成黑斑的黑色素細胞，角質細胞會不斷地代謝形成位於最表層的角質層。

　　● 真皮層：由極少量的纖維母細胞以及大量富含彈性的膠原蛋白纖維、吸水性的細胞外基質構成，是肌膚老化與否相當重要的構造。

　　● 皮下組織：由脂肪細胞構成，可讓肌膚飽滿有彈性，但是隨著年齡增長，皮下脂肪細胞會逐漸萎縮，因此老化肌膚容易有臉頰、太陽穴凹陷的老態。

一定要學！最準確的膚質檢測DIY

　　膚質簡易的分類根據肌膚內含水量及皮脂分泌量的多寡可將膚質簡易地分為油性、中性、乾性、混合

性四大類，但是由於皮膚的生理狀況並非一成不變，它是會隨著年紀的老化、四季的轉換、外在環境的溫度濕度以及內在的心理壓力而改變，因此膚質呈現的是一種動態的變化，在此提醒大家膚質檢測應該如同服飾換季，別忘了換季時也要幫皮膚做一次膚質檢測，以方便保養品的更換。

STEP 1：先以冷水、中性洗面乳洗臉。

STEP 2：待在室內三十分鐘，不擦任何保養品。

STEP 3：拿起魔鏡，找出自己的肌膚狀況和下表所列肌膚外在呈現狀況特點。

STEP 4：膚質判定。

▼膚質檢測表

	肌膚內在油、水分泌含量		肌膚外在呈現狀況	
油性肌	●皮脂腺分泌過盛　●角質層含水量適當　●油比水多		●臉泛油光、毛孔粗大　●皮膚觸感粗糙　●易冒痘痘、粉刺　●容易上妝、但易脫妝	
中性肌	●皮脂腺分泌適當　●角質層含水量充足　●油水分泌平衡		●肌膚紅潤有光澤　●皮膚觸感平滑有彈性　●容易上妝、不易脫妝	
乾性肌	●皮脂腺分泌太少　●角質層含水量不足　●油比水更少		●時常有緊繃、刺癢感　●笑、說話時易有細紋　●膚色暗沉有細紋　●不易上妝、且化妝後細紋、脫屑更為明顯	
混合肌	●T字部位為油性肌　●兩頰為中性肌或乾性肌		●T字部位容易出油、毛孔粗大　●兩頰容易乾燥脫皮	

找出自己的膚質了嗎？我想看到這裡應該有一些人還是找不到符合自己的膚質，那你應該就是屬於問題性肌膚。基本上，上述的檢測標準只適用於健康性肌膚。如果你的臉明明就很油，但是卻一直脫皮，那你是屬於外油內乾的問題性肌膚，這樣的肌膚狀況常常見於季節交替時或是由於保養方式不正確所造成（問題性肌膚的保養方式可參考PART2的單元）。

覺得自己皮膚常常會有緊繃、紅腫、刺癢感，可是當你在笑、說話時並不會有細紋，那你要歸類在乾性肌嗎？答案當然是否定的，上述這樣的皮膚表現，我們稱之為敏感性肌膚，在膚質的分類中，有人把它歸為第五大類，事實上，敏感性肌膚和皮膚內的油、水平衡情形無關，所謂的「敏感性膚質」，指的是皮膚先天生理機能較為薄弱、皮脂膜形成不良，因此皮膚保水力不佳、容易乾燥，而且皮膚的保護能力差。當遇到外界物理性刺激，例如日曬、冷熱、風雨、溫度、濕度等環境變化，或化學性刺激如保養品、化妝品中的成份時，容易引起皮膚紅腫、緊繃、搔癢、刺痛、脫屑等現象。但在鑑別診斷上需先排除脂漏性皮膚炎、接觸性皮膚炎、酒糟鼻等皮膚疾病。

現在有許多化妝品專櫃會標榜利用儀器幫顧客做膚質分析，感覺上很具有科學權威性，不過由於市面上的儀器參差不齊，精準度的差異性太大，再加上膚質檢測應於洗臉後三十分鐘判定，在化妝品專櫃上是不太可能做得到，所以儀器的數據只可作為參考值，想要膚質檢測還是靠自己最方便、最正確喔！

基礎保養一定要跟膚質match

「我的皮膚很油，是不是最好不要擦保養品，我怕一擦就會長痘痘？」

「為什麼我每次都擦七、八瓶保養品，皮膚還是很乾？」

「鼻子很油，臉頰很乾，我到底要用保濕產品或控油產品？」

這些是我在門診常常聽到病人諮詢關於保養品使用的疑問，我想對於大部份的消費者而言，即使了解自己的膚質，但是面對琳瑯滿目的保養品、專櫃小姐的行銷手法、皮膚醫學的專業術語等等，往往還是不知道如何挑選適合的保養品。其實各種膚質要保養的

重點和需要的保養成分也會不太一樣，這是在選擇保養品時非常重要的關鍵，要花錢買保養品之前，一定要先搞清楚，否則挑到不適合膚質的保養品，效果會適得其反，以下我們先就各類膚質的保養重點一一來解析。

Basic Skin Care ／
油性肌美人的基礎保養

控油做得好，毛孔呼吸好順暢

這樣做最好！ 注重「油水平衡」，伺「季」而動

油性肌的內在肌膚生理狀況主要是皮脂腺分泌過盛，表皮角質層的含水量是足夠的，因此控制油脂分泌量，定期去除老舊角質，以避免毛孔阻塞是油性肌的保養重點，不過絕對不可矯枉過正，我在門診中時常可見到原本屬於健康的油性肌，由於過度的抑制油脂及去除角質，導致皮脂膜受損，讓肌膚處於缺水狀態，此時，皮脂腺為了保護受損的肌膚，皮脂腺會產生「反彈現象」，分泌更多皮脂，造成所謂外油內乾的問題膚質。

至於保濕品還要不要擦，我想應該伺「季」而動，在乾燥寒冷的秋冬季節，即使是油性肌膚，適度的補充保濕性乳液是絕對必要的，而潮濕燥熱的春夏季節，白天就不需要再塗抹乳液了，因為一般防曬產品中也會加入一些保濕的成分，再加上自己的天然皮脂，對於油性肌應該就足夠保濕了，而夜間的保養可著重於控油產品，並定期去除角質，避免粉刺生成。

這樣做最好！ 有效控制油脂分泌

「只要一到夏天，我皮膚就會很油，油到可以炸薯條了，而且一直脫妝，怎麼辦？」這是油面族夏天共同的夢魘，保養品市場中有許多標榜控油的產品，不過都只治標而不能治本，目前有以下的控油方式：

❶藥物：口服A酸可以抑制皮脂腺的分泌，但是由於藥物的副作用的大，除非有伴隨嚴重的青春痘，不建議只為了控油就吃A酸。

❷日常保養：油性肌的你可以在保養中的每一步驟進行控油大作戰，包括使用收斂性化妝水、選擇含矽分子或樹脂分子的大分子聚合體的防曬產品，隨身攜帶吸油面紙或使用粉餅、蜜粉補妝都可達到吸附過多油脂的目地。

❸醫學美容：淨膚雷射或油切雷射可以藉著雷射治療時產生的熱效應造成皮脂腺萎縮，進而刺激毛孔周圍的膠原蛋白再生，因此可以縮小毛孔、減少皮脂分泌，是夏天非常熱門的醫美治療，對於想要縮小毛孔、控制油脂分泌的油性肌是一個不錯的選擇。

這樣做最好！ 適當去角質，避免粉刺產生

「李醫師，我是油性皮膚，所以可以每天去角質嗎？」這是我在門診常常被諮詢的問題。答案可以是對也可以是錯。因為，到底多久要做一次去角質和你選擇的去角質方式、季節習習相關。一般的去角質方式可分為物理性去角質、化學性去角質、深層毛孔清潔三大類，你在使用去角質產品之前，也可徵詢一下醫師的建議，避免因去角質過度，而造成問題肌膚。

❶物理性去角質：顆粒洗面乳、鑽石微雕

在洗面乳或乳液中加入水果粒、細砂、礦物鹽等磨砂顆粒，以磨擦表皮的方式達到剝除角質的目地，這種去角質的方式容易因為顆粒太粗或磨擦力道過強造成臉部肌膚表皮受損，有時甚至會產生反效果，造成角質增厚。對於粉刺、痘痘肌膚也不建議使用這一類的方式，因為不僅沒有深層清潔的效果，過度磨擦反而會加重痘痘的發炎情況。不過對於身體、手、腳

的去角質，這倒是還不錯的一個選擇。

過去紅極一時的鑽石微雕也是屬於物理性去角質的方法，鑽石微雕是利用人工鑽石頭藉助磨擦原理，達到淺層換膚的效果。

❷化學性去角質：
藥物A酸、酸類保養品、酵素、果酸換膚

皮膚科藥膏中用來治療青春痘的A酸也是很好的去角質方法，缺點是藥品刺激性大，容易造成皮膚脫屑，如果要選用這種方式，最好經由皮膚科醫師開立處方，教導正確使用方式。

至於酸類保養品目前也有很多選擇，通常在乳液中加入果酸、水楊酸，就形成了酸類保養品，這一類保養品會選擇性的溶解老舊角質，不會破壞正常角質層，是相對安全的去角質方法，但是要購買這類產品時可別忘了先問產品內是那一種酸以及酸的濃度有多高，千萬別當冤大頭，買了號稱是果酸乳液，但是濃度卻相當低的產品。

▼酸類保養品大剖析

種類		特性＆功用	濃度
果酸	甘醇酸　　小 乳酸　　　分 蘋果酸　　子 酒石酸　　量 檸檬酸 杏仁酸↓　大	●水溶性 ●分子量越小的果酸、滲透表皮速度越快、與皮膚的親和力越好 ●果酸比水楊酸易滲透至表皮深層及真皮層 ●高濃度果酸(>30%)可幫助膠原蛋白再生	●果酸濃度須大於3%才有促進角質更新代謝的效果，濃度太低只有保濕效果。 ●專櫃果酸保養品濃度一般小於8% ●藥妝果酸保養品濃度介於8%～25%
水楊酸		●脂溶性 ●刺激性比果酸低 ●可以溶解粉刺，清除毛孔內過度堆積的皮脂與角質	●根據衛生署的規定，化妝品內水楊酸的濃必須限定0.2%～1.5%之間

看完了成份的介紹，知道怎麼選擇適合自己的酸類保養品嗎？ 如果你有嚴重草莓鼻，你可以選含水楊酸的產品，因為水楊酸對清除粉刺有較佳的效果；如果你是希望做好去角質的保養，維持毛孔通暢，選擇濃度大於10%的甘醇酸是最好的選擇。

酵素也是常見的化學性去角質方式，包括鳳梨酵素、木瓜酵素，主要是藉著水解作用分解角質蛋白，和酸類保養品比較相對溫和不刺激，但效果也較差，適合皮膚較敏感者使用。

❹ 深層毛孔清潔：礦物泥、高嶺土面膜

除了酸類保養品是杜絕粉刺的好幫手，由礦物泥、高嶺土等製成的深層清潔面膜，藉由敷面膜時表皮溫度的上升，而將毛孔深層的皮脂、角質溶解出來，所以也可去除粉刺，對控油也有不錯的效果。

這樣做最好！ 定期到醫院做果酸換膚

看完了上述的居家保養，如果你還是懶得自己在家去角質，那不妨跟隨二十八天的角質代謝週期，定期到醫學美容中心報到，一個月接受一次高濃度果酸換膚治療，不僅可去除老舊角質，還可促進皮膚細胞更新代謝以及膠原蛋白再生，也是有那麼一點點抗老回春的療效，絕對比你每天塗塗抹抹還要持久有效。

在炎熱的夏天，角質代謝速度會比較快速，油性肌膚的你，如果選擇果酸換膚作為去角質的保養方式，大約三週你就必須接受一次治療，如果你傾向居家型的高濃度果酸保養品，應該可以天天使用；但是在寒冷的冬天，皮膚細胞更新速度會變慢，你還是可以接受果酸換膚治療，但是治療週期可以拉長至四～五個禮拜，而居家型的高濃度果酸保養品則大約一個禮拜兩次就夠了。

李醫師的小叮嚀

剛開始使用果酸產品時，如果直接使用高濃度產品，皮膚可能會覺得太刺激，所以最好從低濃度產品試用起，而且先每隔兩三天使用一次，再逐漸增加產品的濃度及使用的次數，提高皮膚對果酸的耐受性後，就可順利換成高濃度產品。

另外要提醒油性肌的你，不論你選用那一種方式，一天最多只能做一次去角質，因為剛去完角質的皮膚比較敏感，要避免接觸含酒精的收斂性化妝水、其它去角質成份的清潔和保養用品、具刺激性的美白保養品等，同時加強肌膚的保濕和防曬。

Basic Skin Care /
中性肌美人的基礎保養

簡單保養、擁有亮麗好膚色

> 這樣做最好！ 著重抗氧化，締造無齡肌

如果你是中性肌膚，那我可要恭喜你了，在保養的領域中，相較於其他膚質，你可以花最少的錢就可以擁有令人稱羨的好肌膚。你不需要像油面族買控油產品，也不需要像乾妹妹加強保濕，所以我強烈建議你可以把省下來的保養預算添購抗老保養品，畢竟不論那一種膚質都會逐漸老化，所以還是趁早預防以延緩老化速度吧！

「標榜抗老化的產品百百種，到底要怎麼選？」選擇抗老化產品當然首推成份是具抗氧化效果的產品，以清除老化的兇手—自由基，你可以選擇含有維他命C、維他命E、Q10、艾地苯、硫辛酸等這些成份的保養品，它們都有不錯的抗氧化能力，可以幫助清除每天內在新陳代謝和外來的環境污染、情緒壓力產生的自由基。除了成份的選擇，另外購買時還要注意配方的濃度，當然濃度越高，抗氧化效果就越好。

「那我還需要另外擦保濕乳液嗎？」一般這些含抗氧化成份的機能性保養品也都內含保濕成份，對中性肌的你應該是足夠的，不需要再另外擦保濕乳液，但是別忘了保養是要隨四季調整，特別是冬季氣候較乾冷時，就可能要再加強保濕產品的使用。

李醫師的小叮嚀

使用抗老產品作為中性肌的基礎保養，除了要注意產品的成份、濃度，可別忽略了劑性的選擇，清爽的抗老乳液適合燥熱的春夏季節；滋潤的抗老乳霜則適合乾冷的秋冬季節。

當然抗老化的成分不只有抗氧化這一類的保養品，建議你可以翻閱PART5的單元，我對於抗老產品的成分和選擇會有更深入的分析。

Basic Skin Care /
乾性肌美人的基礎保養

加強保濕、擺脫乾妹妹形象

這樣做最好！ 補水＋補油一起來，每天都好水嫩

和油性肌相反，乾性皮膚的人，夏天是你們皮膚最不會鬧脾氣的季節，肌膚照顧起來相對簡單、而秋、冬換季時則是乾妹妹們皮膚最容易出狀況的時節，乾性肌膚的兩大特色就是皮脂腺分泌太少以及角質層含水量不足，簡單的說就是油、水都不夠，所以保養的兩大重點在於補充外來的水份和油脂。

補充水份可以藉助含有玻尿酸、自然保濕因子等濕潤劑的保濕保養品以吸附外來的水，增加肌膚的含水量，想要擁有晶瑩剔透的水嫩肌膚，你的角質細胞可是要含水20～35％；而補充油脂就要選擇鎖水力佳的油性乳霜以防止水份經皮喪失，保住肌膚內水份。

近年來由於玻尿酸這個成份的火紅，門診中時常遇到許多拼命擦玻尿酸精華液想要改善乾性肌的病患，皮膚卻還是很乾，事實上她們保濕只作對了一半，要保濕不只要吸水，也別忘了鎖水。想要擺脫乾妹妹形象，必需兩者並進，缺一不可。

保濕要做的好，說來簡單，但是要選到合適的產品，往往也會經歷一番折騰，你可以到PART3詳閱有關保濕的關鍵報告，我對於保濕產品的選擇會有深入的分析，希望可以省下你的冤枉路和荷包，快速找到你適合的保濕品。

李醫師的小叮嚀

保濕面膜是利用密封性的保養，把加強的保養成分調成精華液，然後塗抹於臉上，形成密封的表面，達到肌膚的深層保養，但我建議即使是乾性肌，還是一週二次就夠了，以免刺激性皮膚炎找上你。

Basic Skin Care
混合肌美人的基礎保養

不用貪心！兩瓶保養品就能搞定

這樣做最好！ T字部位控油、兩頰要保濕

　　根據統計，大約有70％的美眉是屬於混合肌，混合肌最大的特色就是兩頰和T字部位隸屬於不同行政區，各管各的，T字部位很油，而兩頰很乾，肌膚的差異性在夏天、冬天更為明顯，分區保養是混合肌最好的保養方式。

　　但是混合肌基本上會有不同的排列組合，有可能混合T字部位的油性肌和兩頰的乾性肌、T字部位的油性肌和兩頰的中性肌等等，所以分區保養一開始還是要先從肌膚分區檢測開始，確認了你的排列組合，再依上述各種膚質的保養原則分區保養，所以混合肌的你的確需要付出比較多的時間和精力來照顧你的肌膚喔。

　　混合肌的人在夏天時，鼻子的出油量會相當旺盛，因此保養重點在於T字部位的控油，我建議你可以在T字部位單獨使用10~15%果酸乳液，臉頰則使用保濕乳液，這樣就可以做好每天的分區保養；而冬天時，臉頰乾燥、脫屑的狀況會轉趨明顯，因此保養重點為加強兩頰的保濕，建議你可以先在全臉擦上夏天使用的保濕乳液，臉頰則需補強，再擦上油脂性的保濕乳霜。

　　你發現了嗎？我建議的保養方式只要兩瓶保養品就綽綽有餘了，沒錯，選對了保養品和保養方式，你再也不需要瓶瓶罐罐買一大堆了。

李醫師的小叮嚀

要搞定天生就不平衡的混合肌，祕訣就是要「分區保養」，額頭至鼻樑容易出油的T-Zone位、雙頰到下巴較為乾燥的U型位，針對各部需求對症下藥，才會達到平衡狀態喔！

只要10分鐘，智能保養新觀念

做對順序，美肌力倍數提升

保養就像練功修行，絕非一蹴可幾，在以前醫學美容還不發達的時代，保養的好壞與否，往往是路遙知馬力，年紀越大越看得出來你到底下了多少功夫。現在由於醫美科技的進步，即使過去沒有好好保養，卻有許多抗老回春治療對可以作為保養捷徑，迅速恢復年輕肌膚。

身為皮膚科醫師，我絕對不贊成追求美的過程都只用速效法，每天持之以恆的保養才是追求美的王道。既然持之以恆的保養是維持年輕、美麗的不二法則，那麼每天究竟要花多少時間來保養才能擁有水噹噹的好肌膚呢？需要每天都花一兩個小時保養才夠嗎？當然不是囉！對於凡事都講究效率的OL，保養當然也不例外，只要每天留給自己10分鐘，徹底實施基礎保養；每週保留60分鐘做做肌膚SPA，給予肌膚深度保養，你就可以擁有水漾美膚。

這樣做最好！ 把握擦保養品的黃金時間

要你每天花一、二個小時在呵護你的肌膚，對大多數人來說不可能的，但是只抽出短暫的10分鐘，每個人應該都做得到，事實上你只要作對了保養，選對了合適的保養成份、產品劑型，每次保養只需要擦兩至三瓶，10分鐘已經綽綽有餘，但是如果選錯了保養品，縱然每次都塗塗抹抹七、八瓶，不但看不到保養的效果，還會浪費了你寶貴的時間。

STEP 1：先找出自己的膚質屬性。

STEP 2：找到自己合適的保養品劑型。

STEP 3：依照自己的年齡，確立自己的保養重點，選擇含有效成分的保養品。

STEP 4：洗臉、洗澡後三分鐘內要開始每天簡易保
　　　　　養，把握保養成分吸收最佳的黃金時間。

▼依年齡作好保養

年齡	保養重點
＜25歲年輕肌	基礎性保濕保養應該就夠滋養你的肌膚
25~35歲輕熟女肌	除了基礎保濕，應該開始加強抗氧化、抗自由基的機能性抗老保養
＞35歲熟女肌	抗氧化、抗自由基的抗老成份以及胜肽類的抗皺成分是你該著重的保養重點

這樣做最好！ 看清楚！簡易保養順序

　　簡易保養步驟分為白天和晚上，有點不同，白天可能因為要趕著上班、上學，所以著重在清潔、基礎保養、防曬，晚上則可以加上身體保養項目，好好呵護肌膚。

白天：清潔→眼部保養→臉部保養→防曬→上妝
晚上：卸妝→清潔→眼部保養→臉部保養→身體保養

　　上述臉部保養這個小步驟如何選擇合適的產品，就看你的膚質屬性和需求囉！如果你是熟齡肌，不妨先擦上美白精華液或抗老精華液，再補上保濕霜，如果你是年輕健康的亮麗肌，我想一瓶保濕乳液對你的臉部保養已綽綽有餘！

　　自從當了皮膚科醫師，我就開始奉行簡易保養，我的皮膚隨著年齡增長，膚質屬性雖然逐漸從中性開始偏乾性了，但是膚況和膚質可是比以前更好！通常我同時使用在臉上的保養品只有四瓶，包括早晚使用的眼霜，臉部的保養品則有一瓶早晚都使用的抗老精華液和晚上加強的保濕霜，以及白天不可少的防曬乳液。每天的保養步驟真得不需太繁複，塗抹過多的保

李醫師的小叮嚀
白天臉部的保養品劑型選擇要比晚上的劑型清爽一點喔，別忘了白天不可少的防曬乳液是偏油性的，也可作為白天的鎖水劑，也具有保濕的效果喔。

養品，肌膚不僅無法完全吸收，而且還會造成浪費，更容易有毛孔阻塞、產生粉刺等肌膚問題喔！

Q&A /
問吧！最容易搞錯的保養Q&A，徹底說清楚！

Q | 老舊角質堆積會讓皮膚看起來暗沉、沒有光澤，到底多久要做一次去角質？

A | 先判斷膚質屬性，以及你現在使用的去角質方式，對照下表，你就可以找出自己的去角質時間表。

膚質屬性	季節	果酸換膚	高濃度果酸保養品	磨砂顆粒
油性	春夏	二至三週1次	一至二天1次	一週2～3次
	秋冬	四週1次	一週2～3次	一週1～2次
中性	春夏	四週1次	一週2～3次	一週1～2次
	秋冬	五至六週1次	一週1次	一週1次
乾性	春夏	七至八週1次	二至三週1次	不適合
	秋冬	上述三種去角質方式對秋冬季節的乾性肌不適合 建議使用低濃度、大分子的果酸保養品可以保濕又極輕微的溶解老舊角質		
混合性	T字部位－參考油性肌膚 兩頰部位－參考乾性肌膚			

Q | 果酸換膚後皮膚會越換越薄，聽起來很恐怖？

A | 當了十一年的皮膚科醫師，上述的話我聽過數百次，我千篇一律的回答是，適度的果酸換膚只會去除你過度肥厚老舊角質，不會讓你的皮膚變薄，甚至還可以促進膠原蛋白再生，讓真皮層變厚，把肌膚變年輕，我自己已經做了十一年的果酸換膚治療，所以不用怕。

Q | 果酸換膚後就一定要防曬，不然會長斑？

A | 果酸並沒有光敏感性，但是它剝除的老舊角質的確有

SPF 2~4的防曬功能，所以如果你有定期使用酸類保養品，的確要注意防曬，不過以一個專業的皮膚科醫師還是要提醒大家，不管你有沒有擦酸類的保養品，防曬可是每天不可少的基礎保養喔。

Q│化妝品專櫃經常推銷全套保養品，號稱這樣保養療效才明顯，真的需要買一系列的保養品嗎？

A│保養其實很簡單，日常最重要的就是防曬與保濕，因為只要防曬做好，就不需要刻意做美白；清潔做好，就不需要刻意做控油。當然這絕對不是意味著美白、抗皺等機能性保養品對肌膚保養沒有幫助，只是提醒各位美女們：保養就像學功夫先打好馬步，作好了基本的保濕與防曬，再依個人的需求進階的美白、抗老化……。

[基礎保養篇]
33款平價好用醫美級保養品大推薦！

編按：

❶ 推薦保養品皆為醫師親自試用過。

❷ 各項評比項目以三個★★★為滿分。

❸ 產品價格僅供參考，如有變動，依各產品通路銷售定價為準。

BIOPEUTIC ╱ 葆療美
果酸潔面露
1oz NT：200
8oz NT：900
泡沫綿密度 ★★
潔淨度 ★★
緊繃度 ★
推薦理由：
「洗面乳選用的界面活性劑溫和不刺激，還添加了甘油、保濕成分，洗後不緊繃，產品中還添加了1%甘醇酸，可以幫助軟化老舊角質，適合熟齡油性肌。」

LO ROCHE-POSAY ╱ 理膚寶水
青春潔膚凝膠
125ml NT：600
泡沫綿密度 ★★
潔淨度 ★★★
緊繃度 ★
推薦理由：
「產品的成份簡單，質地細緻，Zinc PCA可以調節皮脂分泌，適

Avène ╱ 雅漾
清爽潔膚凝膠
200ml NT：870
泡沫綿密度 ★
潔淨度 ★★★
緊繃度 ★
推薦理由：
「肌膚的清潔力夠，但洗後皮膚並不會有緊繃感，觸感光滑，成分中還添加南瓜素可以調節皮脂分泌。」

對於油性肌，洗面乳的選擇，以洗淨力夠但是洗後不緊繃為原則。有些產品會添加控油、去角質等成分，雖然它們不是清潔的必要成分，但對於皮膚極度油性的你，是夏天控油的好幫手。

theraderm／臻水
果酸潔淨露
133ml　NT：850
泡沫綿密度 ★
潔淨度 ★★★
緊繃度 ★
推薦理由：
「含果酸的洗面露，另外添加了蘆薈、洋甘菊舒緩成分，所以洗臉後肌膚清爽且不會緊繃，觸感質地也很柔細。」

洗淨力強，但洗後肌膚清爽不緊繃，成分中有添加合痘痘油性肌。」

VICHY／薇姿
深層淨化潔膚凝膠
200ml　NT：720
泡沫綿密度 ★★
潔淨度 ★★★
緊繃度 ★★
推薦理由：
「洗面乳泡沫質地細緻，產品中添加了甘油保濕劑，以緩衝洗後緊繃感，另外還含有水楊酸0.5%，對粉刺性肌膚是不錯的選擇。」

油性肌／酸類保養品

NeoStrata ／ 妮傲絲翠
果酸深層保養凝膠
100ml　NT：1800

去角質度 ★★

溫和度 ★★

清爽度 ★

推薦理由：

「果酸保養品經典款，主成分為15%的甘醇酸，屬於居家型高濃度酸類保養品，可以幫助剝除老舊角質，預防毛孔阻塞。產品的劑型為凝膠狀，非常清爽，適合油性肌膚的日常保養，也是中、乾性肌膚定期去角質的好幫手(參考基礎保養Q&A)」

VICHY ／ 薇姿
粉刺面皰夜間調護菁華
50ml　NT：890

去角質度 ★

溫和度 ★★★

清爽度 ★★★

推薦理由：

「內含低濃度的甘醇酸和水楊酸，相較其他四項產品，是最不刺激的，去角質的效果也最差，可作為夏天中、乾性肌定期去角質保養產品。產品質地為白色乳狀，成分中添加無油配方矽烷，擦起來的感覺很清爽，肌膚沒負擔，非常適合油性肌的日常保養。」

酸類保養品是你居家去角質的好幫手，以下這些產品含酸的濃度都蠻高的，都是貨真價實的酸類保養品，但是相對也比較刺激喔！所以如果你是初次使用者，可以先少量使用於耳後，通過敏感測試後再塗抹於臉上。至於多久要用一次下表這些酸類保養品，首先回到內文，找出你的膚質屬性，再參考基礎保養Q&A，你就知道答案了！

LA ROCHE-POSAY ／ 理膚寶水
青春每日更新菁華露
30ml　NT：900
去角質度 ★★
溫和度 ★
清爽度 ★★★
推薦理由：
「主要成分為1.5%水楊酸和0.3%水楊酸衍生物，可以剝除老舊角質，幫助毛孔深層清潔，是黑頭粉刺的剋星。除了適用於粉刺性肌膚，也是混合肌T字部位去角質保養的好選擇。成分中還添加了控油因子Zinc PCA，質地清爽不黏膩，觸感也很細緻。」

KIEHL'S ／
青春痘調理霜
30ml　NT：1300
去角質度 ★★
溫和度 ★
清爽度 ★★
推薦理由：
「主成分為1.5%水楊酸，是專櫃保養品中少見高濃度的酸類保養品，雖然名為青春痘調理霜，並不是只能用於痘痘肌，還可以軟化老舊角質，避免毛孔阻塞，粉刺堆積，是防堵毛孔粗大的好幫手。但是產品相對刺激，建議使用於T字部位就好。產品質地清爽不黏膩，使用後肌膚會有一點點乾澀，擦完後最好要立即補上保濕乳液。」

BIOPEUTIC ／ 葆療美
果酸露20
0.5oz　NT：400／4oz　NT：1800
去角質度 ★★★
溫和度 ★
清爽度 ★★
推薦理由：
「產品主成分為20%的甘醇酸凝膠劑型，另外還添加了傳明酸、甘草美白成分，所以除了幫助角質代謝，改善毛孔粗大外，還有美白效果。但是產品相對比較刺激，即使是油性肌，一開始使用最好還是兩、三天一次，等皮膚習慣耐受了，才可以一天一次喔。」

油性肌 ╱ 控油保養品

LA ROCHE-POSAY ╱ 理膚寶水
硫酸鋅舒緩噴液
150ml NT：500
控油度 ★
刺激度 ★
持久度 ★
推薦理由：
「不含香料、酒精、防腐劑，純水中加入控油

VICHY ╱ 薇姿
皮脂平衡調理露
200ml NT：850
控油度 ★★
刺激度 ★★
持久度 ★
推薦理由：
「產品的劑型為水狀，內含保濕因子和極低濃度的水楊酸，可以調

Avène ╱ 雅漾
清爽控油化妝水
200ml NT：960
控油度 ★★★
刺激度 ★★★
持久度 ★★
推薦理由：
「使用前要先搖勻，劑型呈水狀、粉狀兩層。內有南瓜素、葡萄酸鋅控油因子，可以吸附皮性化妝水，含酒精、水楊酸，控油效果雖佳，但刺激性比較大。」

油性肌的保養重點就是控油，上述酸類保養品除了去角質，對皮脂腺的分泌也有調節作用。如果你已經定期使用上述酸類保養品，可是皮膚還是很油，那你可以試試以下的控油產品。

因子硫酸鋅，屬於溫和的控油產品，但是持久度也相對較差。」

節皮脂分泌，刺激性極低。」

膚多餘油脂，屬於收斂

油性肌／保濕

LA ROCHE-POSAY ／ 理膚寶水

青春舒活控油保濕乳

40ml NT：750

保濕度 ★★

清爽度 ★★★

吸收度 ★★

推薦理由：

「白色乳狀質地，含有控油配方，擦起來非常清爽，除了有效保濕成分，還添加維他命C、維他命E抗氧化劑成分以及微量水楊酸，溫和的剝除老舊角質。」

NOV ／ 娜芙

AC面皰保濕凝膠

40g NT：990

保濕度 ★

清爽度 ★★★

吸收度 ★★

推薦理由：

「保濕成分為玻尿酸鈉、神經醯胺，屬於無油配方的保濕凝膠，擦起來很清爽，有控油效果，非常適合痘痘油性肌使用。」

油性肌基礎保養品的選擇，最重要的是產品觸感一定要清爽，不能有黏膩感，要避開含油脂類等致粉刺性成分，但是保濕效果也不能少！

CLINIQUE ／ 倩碧
超水感新一代
水磁場保濕凝膠
50ml　NT：1500
保濕度 ★★★
清爽度 ★★★
吸收度 ★★★
推薦理由：
「成分中含玻尿酸、山梨醇保濕成分，可以吸取空氣中水分子，是成分、效果極佳的保濕產品。除了保濕，還添加了維他命C、維他命E、綠茶萃取等抗老成分。產品為凝膠劑型，因為加入矽烷無油配方，擦起來肌膚有清新、沁涼的感覺。」

VICHY ／ 薇姿
新潤泉保濕水晶露
50ml　NT：980
保濕度 ★★
清爽度 ★★
吸收度 ★★
推薦理由：
「不含油脂的凝膠質地，避開致粉刺性成分，含玻尿酸、甘油保濕因子，適合油性肌膚基礎保養，但相較其他三項產品，擦起來比較黏膩。」

中性肌 ／ 清潔

theraderm ／ 臻水
深層潔淨露
133ml NT：850
泡沫綿密度 ★★
潔淨度 ★★★
保濕度 ★
推薦理由：
「產品潔淨力強，添加尿囊素舒緩成分，但洗後肌膚觸感相較其他三項較為乾澀，適合中偏油性或混合性膚質使用。」

FORTE ／
清新保濕潔面露
200ml NT：550
泡沫綿密度 ★★
潔淨度 ★★
保濕度 ★★
推薦理由：
「選用胺基酸界面活性劑，產品非常溫和不刺激，成分中還添加了洋甘菊、甘草萃取舒緩成分，減少清潔時的刺激感。觸感細緻，潔淨力佳，洗淨後不緊繃。」

相較其它膚質，中性肌膚是最好保養的，但是可要慎選你的清潔產品，別輕易洗掉你的皮脂膜！清潔力夠，溫和不刺激、洗後不緊繃是選擇產品的三大原則。

VICHY ／ 薇姿
柔磁潔膚乳
125ml　NT：650
泡沫綿密度 ★★★
潔淨度 ★★
保濕度 ★★
推薦理由：
「洗面乳的泡沫綿密，觸感柔和，選用的界面活性劑溫和不刺激，還添加了甘油、維他命E保濕因子，洗淨後有滋潤感。」

NEO－TEC ／ 妮新
舒膚潔顏慕絲
150ml　NT：650
泡沫綿密度 ★★
潔淨度 ★★
保濕度 ★★★
推薦理由：
「產品擠壓出來為泡沫慕絲狀，質地細緻綿密。選用溫和的胺基酸界面活性劑，另外還添加了甘草萃取舒緩成分以及甘油、海藻萃取保濕成分，讓肌膚洗淨後仍保有滋潤感。」

中性肌／乳液

FORTE ／
新草本柔皙乳液

45ml NT：1200

保濕度 ★★
吸收度 ★★
抗氧度 ★★★

推薦理由：

「白色乳液狀，擦起來保濕度夠，而且很清爽，保養成分中除了黏多醣、玻尿酸保濕因子，還添加了Q10、大豆蛋白抗老明星成分。適合中性偏油或混合性肌膚使用。」

KIEHL'S ／
冰核醣蛋白保濕霜

50ml NT：1060

保濕度 ★★★
吸收度 ★★★
抗氧度 ★

推薦理由：

「白色乳狀質地，雖然名為保濕霜，擦起來一點也不黏膩，很好吸收，保濕性佳，質地觸感也很細緻。美中不足的是除了醣蛋白有效保濕成分，所含的抗老成分只有維他命E，不過作為中性肌基礎保養品已綽綽有餘。」

最容易保養的中性肌膚，基礎保養除了要選
對適合自己的保濕品劑型，不要增加肌膚負
擔，成分中最好有添加抗氧化成分，提前做
好抗老保養。

SAINT-GERVAIS ／ 聖泉薇
清新白茅保濕乳液
50ml　NT：860
保濕度 ★★★
吸收度 ★★
抗氧度
推薦理由：
「滋潤度很好，但是不會油膩，擦上肌膚時
延展性佳，很容易推勻，有淡淡的香味。產
品內沒有抗老成分，屬於基本款保濕品，所
以相較其他三項產品，價錢相對便宜。」

theraderm ／ 臻水
海洋膠原修復乳
50ml　NT：1850
保濕度 ★★
吸收度 ★★
抗氧度 ★★
推薦理由：
「除了含2％玻尿酸、海藻萃取吸水成分和荷荷葩油鎖水成分，作好
萬全保濕防護，還添加了葡萄萃取、維他命E抗老成分。產品質地清
爽不黏膩，吸收力佳。」

乾性肌／清潔

NOV ／娜芙
泡沫清潔乳
110ml　NT：1540
泡沫綿密度 ★★
潔淨度 ★★★
保濕度 ★
推薦理由：
「洗面乳的泡沫綿密，觸感柔和，產品添加了甘油、山梨醇、玻尿酸保濕成分，洗後肌膚不緊繃而且不會殘留滑膩感。」

FORTE ／
輕柔潔顏慕絲
150ml　NT：600
泡沫綿密度 ★★★
潔淨度 ★★
保濕度 ★★
推薦理由：
「洗面乳擠壓出來為泡沫慕絲狀，觸感非常細緻，可以減少洗臉時的肌膚摩擦力，選用溫和的界面活性劑，產品本身添加了甘油、尿素等保濕劑，洗後肌膚可保有濕潤感。」

對於乾性肌，洗面乳的選擇，建議選擇含溫和界面活性劑的產品，另外要有添加保濕成分，讓洗後的肌膚保有滋潤感。

LA ROCHE-POSAY ／ 理膚寶水
多容安泡沫洗面乳
125ml　NT：650
泡沫綿密度 ★★
潔淨度 ★★
保濕度 ★★★
推薦理由：
「洗面乳質地細緻，成份簡單，不含香料、防腐劑等不必要物質，選用的界面活性劑溫和不刺激，產品還添加了甘油保濕劑，讓洗後的肌膚不會有緊繃感。」

Avène ／ 雅漾
修護潔面乳
200ml　NT：810
泡沫綿密度 ★
潔淨度 ★★
保濕度 ★
推薦理由：
「產品成份簡單，不含香料、色素、油脂成分，對於極乾性肌膚又有上淡妝的人是不錯的選擇，因為可以清潔卸妝一次完成，不會破壞皮脂膜，產品本身強調不用水洗，用面紙擦拭即可，但是我建議如果你用這類產品清潔，之後最好要先使用化妝水，再擦上乳液喔。」

乾性肌 ╱ **保養**

A-DERMA ╱ 艾芙美
燕麥高效舒緩保濕霜
40ml　NT：990
保濕度 ★★★
滋潤度 ★★
吸收度 ★★★
推薦理由：
「含有專利燕麥粹取、產品的保濕度佳，擦起來非常舒服，觸感十分滑順又不會黏膩，另外還多添加了維他命E。」

Avène ╱ 雅漾
深層滲透保濕乳（滋潤型）
40ml　NT：1280
保濕度 ★★
滋潤度 ★★★
吸收度 ★★
推薦理由：
「含多種植物性油脂，擦起來的感覺很滋潤，產品鎖水力強，適合水分容易流失的秋冬季節。」

LA ROCHE-POSAY ╱ 理膚寶水
多容安濕潤面霜
40ml　NT：750
保濕度 ★★
滋潤度 ★★
吸收度 ★★★
推薦理由：
「含有甘油、角鯊烷保濕成分，擦起來肌膚觸感柔滑。雖然是面霜，但是不會黏膩，保濕度佳，滋潤度則稍嫌不足，是乾性肌春夏的基本保濕品。」

乾性肌膚不僅缺水也缺油，想做好保濕，肌膚不僅要吸水，也要鎖水，油質含量高的保濕面霜是最適合的劑型。

theraderm ／ 臻水

多元保濕滋潤霜

120ml　NT：850

保濕度 ★★★

滋潤度 ★★★

吸收度 ★★

推薦理由：

「含類皮脂膜成分—神經醯胺、乳油木果油等保濕成分，產品的保濕度和滋潤度都很好，是物超所值的保濕品，也可以拿來當作身體的保濕霜，不過擦起來比較油膩，春、夏季節比較不適合。」

PART / 02

簡單調理
先天性危「肌」逐一解除

好好呵護敏感肌，可以讓皮膚乖乖聽話！

膚質不NG！問題肌美人看招！

「醫師，我根本沒辦法擦保養品，換了N種品牌，還是又紅又腫又癢？」

「醫師，臉動不動就會紅，臉上好多一絲一絲的血管，看起來皮膚都髒髒的，有什麼方法改善？」

「醫師，我的皮膚就很油，可是怎麼一直脫皮？」

對照膚質檢測表還是找不到自己的膚質嗎？你也有上述的肌膚問題嗎？那我想你應該是問題性肌膚，不同於健康性肌膚，問題性肌膚的保養相對要注意的小細節多了很多，不過可別因為健康性肌膚，就忽略了你的保養，因為問題性肌膚可能來自於先天體質，也有許多是後天保養不當造成。常見的問題性肌膚包括敏感性肌膚、酒糟性膚質、外油內乾肌膚、痘痘粉刺肌膚。以下我們就一一來了解各種問題性肌膚以及它的保養因應對策。

又紅又癢的敏感肌

別搞錯！敏感性肌膚≠乾性肌膚

敏感性肌膚時常被許多人把它和乾性肌膚混為一談，事實上敏感性是特有的膚質，並非乾性肌就是敏感性肌膚，而敏感性肌膚可以是乾性、油性或中性膚質，三者都可以。

不過最常見的敏感性肌膚還是乾性膚質，主要是因為所謂的敏感性肌膚最大的特點是皮膚生理機能較健康性肌膚薄弱、保護皮膚的天然皮脂膜形成不良，所以皮膚保水力不佳、容易造成皮膚乾燥、脫屑，由於皮膚的保護能力差，當遇到外界物理性刺激，例如日曬、冷熱、風雨、溫度、濕度等環境變化，或化學

性刺激如保養品、化妝品中的成份時，容易引起皮膚紅腫、緊繃、搔癢、刺痛、脫屑等現象，不過確定診斷前應該請皮膚科醫師排除脂漏性皮膚炎、接觸性皮膚炎、酒糟鼻等皮膚疾病，才可以判定你為敏感一族。

　　事實上，敏感性肌膚不是疾病，是一種先天的特殊的膚質，會伴隨敏感族一輩子，和因為皮膚疾病造成的暫時敏感是不同的，皮膚疾病造成的暫時敏感會隨著疾病的治療而逐漸修復，回到健康肌的皮膚狀況，而敏感性肌膚處於先天的弱勢，這樣的膚質需要小心地呵護以降低皮膚不適現象的出現。

▼ 敏感性 V.S. 健康性　肌膚狀況比一比！

	敏感性肌膚	健康性肌膚
生理週期代謝	失調	正常
角質細胞排列	雜亂	整齊
皮脂膜	不完整	完整
表皮水分喪失	增加	正常

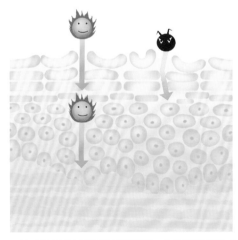

▲健康性肌膚角質細胞似磚牆般排列完整，對外界環境刺激抵抗力佳

▲敏感性肌膚角質細胞排列凌亂，天然皮脂膜形成不良，當遇到日曬、冷熱或其他刺激時，容易引起皮膚紅腫、緊繃等現象

李醫師的小叮嚀

保養敏感肌確實是有點小麻煩，因為你在日常生活的保養、化妝，需要時時注意很多小細節，無法像健康的皮膚偶而放鬆偷懶，因為你的肌膚可是隨時隨地都會對你發小脾氣，抗議你沒有好好照顧它。

敏感肌美人的保養對策

　　看完了敏感性肌膚判定，覺得你也是敏感一族嗎？你會覺得敏感性肌膚很難保養嗎？事實上，敏感一族的保養可以說是非常簡單，但也可以說是非常麻煩。說簡單是因為你皮膚本身的保護能力差，機能性的保養品對這樣脆弱的皮膚太過刺激，所以你只能選擇修復皮脂膜的保濕產品，大大省卻了面對眾多保養成分卻不知怎麼選擇的困惱。

　　以下我們就來談談敏感性肌膚的保養小祕訣，包括日常生活保養和清潔方面要注意的事項、保養用品如何選擇、化妝用品如何選擇。

這樣做最好！ 減少刺激讓皮膚乖乖的

　　想要讓敏感肌皮膚乖乖的，在飲食上必須多攝取水果、蔬菜，避免辛辣食物、調味料與茶、咖啡、酒精的攝取。遠離外界刺激如溫度、濕度的劇烈變化、紫外光、空氣污染、塵埃、汗等。著重生活調理，包括維持規律生活、充足睡眠、愉快心情等。

　　在基礎保養方面，要注意洗臉時水溫不宜過高（低於30℃），清潔用品的選擇以溫和的中性、弱酸性合成界面活性劑為佳，避免使用皂鹼類清潔用品。

這樣做最好！ 選保養品掌握「三大皆空」原則

　　「無色、無料、無味──三大皆空」的選購原則，是敏感膚質一族購買保養品的不二法門。另外，還有以下的保養原則也很重要喔！

● 成份愈簡單愈好，標示的內容成份少於十種的產品。

● 選用小瓶包裝的產品。

● 選用溫和單純、通過過敏檢驗的保濕乳液，或含磷脂質、神經醯胺等類天然皮脂膜的保濕精

華液，以加強保濕，增加皮膚的保護力。

● 一些標榜機能性的保養用品，包括去角質、抗痘、美白、除皺、抗老等，皆不適合敏感膚質一族。

● 防曬方面以純物理性防曬成份為佳。

敏感族剛開始使用新的保養品時，即使是號稱通過過敏檢驗的保養品，還是別忘了要先自我檢測一下，才可安心擦到自己臉上。你可以先向廠商索取試用品，將少量的保養品塗抹於耳朵後側或手臂內側，過了二十四小時，如果皮膚沒有產生任何不適才可放心使用。

| 這樣做最好！ | 選對化妝品，否則最好不化妝

敏感膚質者應盡量避免化妝，但若工作需要你一定要化妝，在選擇上你要注意以下幾點：

● 就粉妝來說，應選擇固體狀的蜜粉、粉餅，不要使用液體狀的粉底液。

● 眼影則以淡褐色系為佳，避免藍、紫、紅、綠等太鮮豔的色系。

● 眉筆、眼線筆以固體狀的黑色系為首選。

● 以容易卸妝、非防水性的產品為佳。

雖然與生俱來的先天性體質，決定了每個人肌膚的「敏感性」傾向，但最終決定膚質的敏感與否，尚有其他後天可調整的因素來共同影響。縱使敏感性肌膚需要一輩子的細心呵護，相信只要選對了合適的保養用品以及做好日常生活保養，你還是可以擁有健康亮麗的好肌膚！

Rosacea Out！
臉上佈滿血管的酒糟肌OUT！

紅通通的蘋果臉 ≠ 酒糟性膚質

「醫師，我動不動就會臉部泛紅，我是酒糟性膚質嗎？」我的答案是有可能，但不一定。因為臉部泛紅的原因除了酒糟性膚質，其他常見的還包括先天的敏感性膚質，本態性微血管擴張症，發炎性皮膚疾病，例如濕疹、異位性皮膚炎等因素。

酒糟性膚質的進程分為三階段，早期的症狀侷限於兩頰、鼻子、下巴等臉部中央部位，臉部會常常泛紅、發燙，是很容易被忽略的時期，隨著病情進展，到第二期會開始在臉頰、下巴、鼻子、人中處反覆冒出一些小丘疹或膿皰，同時也增生許多細小血管，導致臉上佈滿微血管絲，形成所謂「蜘蛛臉」，此時可是要趕快就醫，控制病情，別拖到後期，因為最後最嚴重的是皮膚會因為反覆發炎會纖維化，產生不可恢復的鼻瘤，形成名副其實的「酒糟鼻」。

▼酒糟三階段

初期症狀		中期症狀		後期症狀
臉頰泛紅、發燙	▶ ▶ ▶	丘疹膿皰、血管增生	▶ ▶ ▶	鼻瘤增生

改善酒糟性膚質3招

酒糟性膚質屬於體質性，致病原因現在還不明確，會慢性反覆發作，要完全根除是不可能的，避免生活中的誘發因子是最重要的保養重點。而酒糟性膚質通常具油性膚質，但是不同於油性健康肌膚的粗糙觸感，皮膚較為敏感脆弱，所以不可過度去角質，產品的選擇要以溫和不刺激為原則。

早期診斷、早期治療也是相當重要的一環，一旦產生血管絲就只能藉助血管性雷射來達到去除的目的，而纖維化的鼻瘤可嘗試用磨皮雷射或飛梭雷射進

行治療。

李醫師的小叮嚀
對於酒糟性肌膚，雷射治療可以
有效地幫助病兆去除，但是並沒
有辦法改變膚質，做好保養才是
避免酒糟性膚質惡化的根本之
道。

這樣做最好！ 刺激食物要忌口

有酒糟性膚質的人，平常在飲食方面應該避免刺激性食物，包括油炸、辛辣的食物與含酒精成份飲料；避免長時間處於悶熱曝曬的環境，包括過度日曬、泡太久的溫泉和三溫暖；避免體溫過高，所以要少喝熱飲、熱湯及過度激烈運動，同時要有充足的睡眠。如果不忌口，常常大啖麻辣鍋、熬夜，那可是會使情況更為嚴重喔。

這樣做最好！ 加強肌膚保濕修復

洗臉用品的選擇以溫和、不刺激為原則，避免使用含皂鹼產品。避免使用刺激性的A酸或含磨砂顆粒的去角質產品，選擇低濃度的果酸、水楊酸或酵素來剝除老舊除角質為佳。另外，一定要做好防曬，絕對不能偷懶喔，以避免病情惡化，至於防曬產品最好選用係數大於SPF30的低敏、清爽防曬乳液。

肌膚的保養要注意加強保濕修復，增加肌膚保護力，可選用含甘草酸、燕麥、蘆薈等溫和的抗敏乳液；另外含維他命K成分的舒緩乳液可以促進肌膚微循環，減少臉部泛紅現象，對酒糟性膚質的你也是不錯的選擇喔！

這樣做最好！ 及早治療可避免惡化

別輕忽了紅通通的蘋果臉，它有可能是肌膚出現酒糟問題的警訊，早期預防勝於早期治療，而早期治療可避免產生皮膚多餘的違章建築，對於體質性的酒糟性膚質現在雖然還沒有根除妙方，但是確實做好遠離誘發因子可是遠離蜘蛛臉上身的最佳良藥。

一般的治療方式如下：

●對於初期只呈現發紅、發燙的人不需要藥物治療，但須遠離酒糟的刺激因子以及做好保養，避免酒糟惡化。

●邁入第二期的酒糟一族需口服四環黴素或紅黴素三至四周來改善症狀，之後持續塗抹含metronidazole藥膏以控制病情。

●因酒糟性膚質產生的微血管擴張可以使用脈衝染料雷射或柔絲光等血管性雷射治療，以消除蜘蛛臉，改善臉部潮紅現象。

●末期產生的鼻瘤可以使用磨皮雷射、飛梭雷射或病兆內局部注射類固醇來治療，以改善凹凸不平整的表面，但恐無法恢復肌膚原來的狀態。

Over Skin Care /
外油內乾肌美人，都因保養過當

泛油光但卻脫皮，要控油還是保濕？

皮膚很油不就是最天然的保濕聖品，怎麼還會一直脫皮？門診中，我時常會遇到像這樣臉部皮膚看起來油油亮亮的，但是摸起來粗粗的，有脫屑現象的病患前來就診，問我到底她的保養應該要加強保濕還是要控油？

其實外油內乾不是一種固定的膚質，而是一種皮膚狀態，這種情形主要發生於過度清潔、去角質的油性肌，過度的清潔會去除角質層的的油脂結構，導致皮膚的保水力降低，皮膚內部因缺水而呈現乾性肌的狀態（內乾），而皮脂腺因為內乾而分泌更多的皮脂保護皮膚，造成皮膚表面皮脂過多（外油）。所以這是一種保養不當的肌膚狀態，只要經過適當的保養調理，就可回復健康的肌膚狀態。

改善外油內乾肌，先安內再攘外

　　看完了外油內乾的成因，聰明的你覺得這種肌膚狀態應該保濕還是控油？答案當然是保濕囉，加強保濕，修補破損角質層，避免水分流失，先解決了內乾，皮脂腺就不需要分泌過多的皮脂來保護肌膚，皮膚表面就不會外油。處於外油內乾狀態時的肌膚是一種問題性肌膚，除了先保濕這個大原則，還有以下一些保養重點是要注意的：

　　| 這樣做最好！ | **基礎保養品選擇有訣竅**

　　❶ 清潔產品的選擇：應如同敏感性肌膚的保養，因為此時的肌膚狀態是角質層受損的問題性肌膚，不可以用本來的油性肌選擇洗面乳。

　　❷ 保濕產品的選擇：劑型以清爽不油膩為原則。成分以具吸水功能的天然保濕因子，玻尿酸或含磷脂質、神經醯胺(Ceramides)等類角質層脂質為首選。

　　❸ 控油去角質產品選擇：外油不可避免的還是會有出油旺盛、毛孔粗大、粉刺痘痘等問題，但是由於此時肌膚是較脆弱受損的，選擇較溫和不刺激的低濃度果酸、水楊酸來剝除老舊除角質為佳。

　　外油內乾的肌膚狀態是暫時的，別忘了攘外應先安內，所以保濕是修復受損肌膚的第一步，最好經過一段時間的休養，待肌膚狀況逐漸穩定，才開始使用控油去角質產品，以免在修復過程中又陷入惡性循環。

　　你有問題性肌膚嗎？羨慕別人擁有的健康好肌膚嗎？看完了各種問題性肌膚的保養對策，相信面對問題性肌膚的保養已不再是難事。只要作對了保養，必可遠離問題性肌膚。

敏感肌 ／ 清潔（適用敏感肌、酒糟肌、外油內乾肌）

LA ROCHE-POSAY ／ 理膚寶水
多容安泡沫洗面乳

125ml　NT：650

泡沫綿密度 ★★
潔淨度 ★★
保濕度 ★★

推薦理由：

「產品成份非常簡單，不含香料、色素、防腐劑等不必要物質，選用的界面活性劑溫和不刺激，是敏感性肌膚的模範洗面乳。」

NOV ／ 娜芙
泡沫清潔乳

110ml　NT：1540

泡沫綿密度 ★★
潔淨度 ★★★
保濕度 ★

推薦理由：

「相較其他三種洗面乳，潔淨力較強，不過洗臉時觸感柔和，洗後肌膚不會緊繃，產品中添加了多重保濕成分舒緩肌膚，適合酒糟族或外油內乾的問題性肌膚。」

敏感肌的清潔產品一定要慎選，包裝上的成份表愈簡單愈好，而且要通過敏感性測試。雖然乾性肌不等同於敏感肌，但是兩種膚質洗臉的原則都是要避免過度潔淨，洗掉皮質膜，所以適合敏感肌的洗面乳也是乾性肌的好選擇。

Avène／雅漾
修護潔面乳
200ml　NT：810
泡沫綿密度 ★
潔淨度 ★★
保濕度 ★
推薦理由：
「不同於其他三項產品，強調不用水洗，用面紙擦拭即可清潔卸妝一次完成，以減少清潔時皮脂膜的流失。洗臉時不太會起泡，成份非常簡單，不含香料、色素、油脂成分，對於皮膚敏感又必需上妝的人是不錯的洗面乳選擇。不過我個人建議如果你用這類產品清潔，清潔後最好要先使用化妝水，清除殘留汙垢，再擦上乳液喔。」

SAINT-GERVAIS／聖泉薇
低敏潔膚露
150ml　NT：580
500ml　NT：1380
泡沫綿密度 ★
潔淨度 ★★
保濕度 ★★
推薦理由：
「透明液狀質地，接觸皮膚時觸感柔和，但有淡淡的香味，產品有添加了甘油、蛋白質水解液保濕成分，洗後肌膚不緊繃。」

敏感肌 / 保養

Avène / 雅漾
修護保濕霜
40ml　NT：960
保濕度 ★★
滋潤度 ★★
吸收度 ★★★
推薦理由：
「清爽質地的乳霜，保濕度佳，不黏膩，觸感如絲綢般細緻，產品成份簡單，添加角鯊烷類皮脂膜成分，適合敏感肌使用。」

LA ROCHE-POSAY / 理膚寶水
多容安濕潤面霜
40ml　NT：750
保濕度 ★★
滋潤度 ★★
吸收度 ★★★
推薦理由：
「不含香料、色素、防腐劑，含有甘油、角鯊烷有效保濕成分，適合敏感肌使用。擦起來肌膚觸感柔滑，雖然是面霜，但是不會黏膩，保濕度佳，滋潤度則稍嫌不足。」

敏感肌的保養首重皮質膜的修復，產品的選擇以通過敏感性測試，含神經醯胺、角鯊烷等類皮脂膜修復成分為兩大原則。

theraderm／臻水
多元保濕滋潤霜
120ml　NT：850

保濕度 ★★★
滋潤度 ★★★
吸收度 ★★

推薦理由：
「保濕成分含神經醯胺可以幫助受損肌膚修復，乳油木果油可以鎖住肌膚水分，適合偏乾性的敏感性肌膚。產品保濕度和滋潤度都很好，不過比較油膩，油性敏感肌比較不合適。」

FORTE／
Ceramide 修護精華霜
50ml　NT：1450

保濕度 ★★★
滋潤度 ★★
吸收度 ★★

推薦理由：
「含有神經醯胺、自然保濕因子、黏多醣體多重保濕成分，保濕度佳，可以舒緩修復敏感性肌膚，質地不會黏稠，延展性很好容易推勻。」

PART／03

深度保濕
打造ㄉㄨㄞ ㄉㄨㄞ美肌

皮膚水嫩有彈性，看起來年輕好幾歲！

Hydration /
做好基礎保濕、保養事半功倍

「李醫師，我的皮膚又變得又乾又癢了！」，小芬是一個「乾妹妹」，每當秋冬來臨時，皮膚必定會又紅又癢又脫皮。在換季時，門診中時常會遇到像這樣因為皮膚乾燥而引起皮膚炎的病患。其實保濕是美容保養的基本入門功夫，做對了保濕，打好了基礎，你的保養就成功了一大半。

不可不知的角質層兩大保水因子
角質細胞內自然保濕因子＋角質細胞間脂質

所謂知己知彼百戰百勝，如何做對保濕，就應該先了解肌膚的儲水槽——角質層。角質層位於皮膚的最外層，整個角質層可以當作皮膚的一面磚牆，由似磚塊的角質細胞相接而成，而角質細胞間的脂質結構——磷脂質(Ceramides)，就像水泥一樣負責填補角質細胞間的縫隙。肌膚到底水不水、透不透決定於角質層的兩大保水因子：角質細胞間脂質——磷脂質和角質細胞內的自然保濕因子，自然保濕因子可以吸水進而調節角質層中的水分含量。

當兩大保水因子含量足夠，角質細胞充水飽滿，整塊磚牆會排列整齊緊密接合，此時的角質層是健康的，可以扮演好肌膚屏障的角色，對內可防止肌膚水分的流失，對外可抵抗外來的刺激。可是當兩大保水因子含量不足，角質細胞缺水乾扁，磚牆排列不整齊、接合也不緊密，此時的角質層是脆弱的，因為有空隙，水分容易流失，也就沒有辦法防堵外在環境的傷害。

▼角質層—— 兩大保水因子

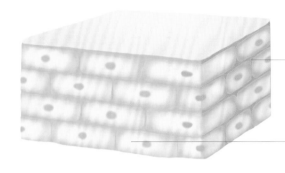

角質細胞間脂質

角質細胞內自然保濕因子

提高肌膚飽水度，角質細胞正常代謝
保濕是去角質的好幫手

　　你知道想要擁有水水動人的肌膚，角質層需要多少比例的含水量。答案是介於20～35％之間，而一般正常皮膚的含水量也必須大於10％，如果小於10％，你的皮膚就會發出訊號，呈現乾癢、龜裂、脫皮的現象。肌膚的水潤亮澤與否，除了決定於肌膚飽水度的角質層兩大保水因子，角質細胞的代謝過程也是一項相當關鍵的因素喔。

　　角質層含水量的多寡會影響角質細胞是否能正常代謝，含水量越高時，角質細胞代謝的水解酶就會越高，這樣可以幫助角質細胞正常代謝，皮膚就不會殘留老舊角質，反之，含水量越低時，角質細胞代謝的水解酶就越低，此時角質細胞無法正常代謝，皮膚表面會殘留過多老舊角質，而讓皮膚顯得黯沉粗糙。

　　這也說明了為什麼當皮膚呈現乾燥、脫皮現象時，不可以只看問題的表徵一味的去角質，反而應該先保濕，增加肌膚飽水度，提高水解酶的含量以促進角質細胞正常代謝。

　　所以面對腳跟乾燥龜裂的厚皮，別再只用搓刀用

力的給它戳下去，應該先保濕軟化角質，促進角質更新代謝的速度，然後才能進行真正的去角質。做對了保濕保養，你就可以擁有令人稱羨的水漾玉足，夏天就不用怕穿涼鞋囉。

3 way to keep water
保濕產品的作用與三大分類

在美容門診中，我時常會遇到前來諮詢如何選擇保養品的病人，抱怨「保養品擦了七八瓶臉還是很乾，好像都吸收不了」、「不是說玻尿酸很保濕，這瓶號稱高濃度的玻尿酸精華液，皮膚怎麼越差越乾」、「是不是越貴的保養品保濕效果越好？」等等一大堆保濕保養的迷思。事實上正確的保濕保養只要選對了有效的保濕成份，一兩瓶保養品就已經綽綽有餘。以下我們針對保濕保養成份作一簡單介紹，想做一個保濕達人，這些可都是你必須知道的保濕小常識：

保濕成分大解析

保濕保養成分依作用原理可分為三大類：

一、密封性保濕保養 —— 所謂的鎖水劑

❶作用機轉：藉著在皮膚表面形成親脂性薄膜，阻止水份經皮喪失或蒸發，保住肌膚內水份。

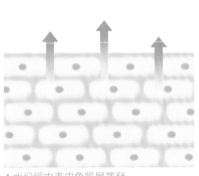

▲水份經由表皮角質層蒸發

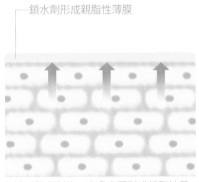

鎖水劑形成親脂性薄膜

▲擦了鎖水劑後，皮膚表面形成親脂性薄膜，阻止表皮水份流失

美麗小發現

不知道各位美女們有沒有嘗試過美甲沙龍的神奇快速讓腳變美的美足深層保養？他們使用的就是第一類密封性保濕保養中的液態蜜蠟，把腳放入液態蜜蠟內，蜜蠟會包裹足部皮膚，形成一薄膜進而阻止水份流失，留住肌膚內水份，瞬間提高肌膚的光亮感。

❷常見成份：

・凡士林(Petrolatum)：99%有效防止肌膚水份喪失，但是油膩感強，適合極度乾燥肌膚。

・礦物油(Mineral oil)：40%有效防止肌膚水份喪失，相較於凡士林比較不油。

・液態石蠟(Liquiud paraffin)：形成保護膜防止肌膚水份喪失，常用於護手霜。

・羊毛脂(Lanolin)：屬於動物性油脂，容易引起過敏反應。

・矽油(Silicones oils)：可防止肌膚水份流失且無油膩感，包括環狀矽油(Cyclomethicones)與線狀矽油(Dimethicones)，具不致粉刺性，適合油性痘痘肌膚，只含矽油的保濕品可宣稱「oil-free」。

❸產品特色：主要成份依不同水份及油脂的比例形成不同劑型的保濕用品，就是基本型的保濕用品，有些產品中會加入少量的吸水劑

❹適合對象：沒有肌膚問題的年輕健康肌，依據膚質選擇適用的劑型

		油	水
保溼性化妝水	無保濕效果	▪	▪▪▫█
乳液	油性年輕健康肌	▪▪	▪▪▫█
乳霜	中性年輕健康肌	▪▪▫█	▪▪▫█
油脂	乾性年輕健康肌	▪▪▫█	▪

二、濕潤性保濕保養 —— 所謂的吸水劑

❶作用機轉：含具有吸水能力的吸水劑，可抓真皮層或皮膚表面的水至表皮中的角質層，保持表皮濕潤。

吸水劑增加角質細胞抓水力

▲老化角質細胞抓水力差，
　角質細胞呈現乾扁狀

▲擦了吸水劑後角質細胞抓水力增加，
　角質細胞充水飽滿

❷常見成份：

· 甘油(Glyceerin)：多元醇類，最傳統、最常用的濕潤劑，質地黏稠。

· 丙二醇(Propylene glycol)：多元醇類，觸感較甘油佳，但易引起皮膚刺激、敏感。

· 玻尿酸(Hyaluronic acid)：真皮層中的黏多醣，吸水能力極佳的濕潤劑。

· 自然保濕因子(NMF)：包括尿素(Urea)、胺基酸、乳酸鈉鹽(Sodium lactate)、PCA鈉鹽(Sodium PCA)等。

· 內酯型葡萄糖酸、乳醣酸：為大分子果酸，不同於小分子果酸，是很好的保濕劑，也有溫和的去角質作用。

❸產品特色：以單純高濃度吸水劑精華液形式或加入少量油脂的吸水劑乳霜型式。

❹適合對象：

· 乾燥缺水肌：藉著吸水劑的吸水能力鎖住水份於角質層，改善肌膚乾燥的現象。

· 熟女肌：相較於年輕健康肌膚，代謝會變慢，角質層內的兩大保水因子分泌變少，水份含量也相對變少，須補助外來吸水劑鎖住水份，以維持角質層內正常含水量。

三、類皮脂膜保濕保養 – 修復劑

❶作用機轉：仿角質層中細胞間脂質成份，修補受損角質層皮脂膜，阻止水份經皮喪失或蒸發。

修復劑填補角質細胞間空隙和
受損皮脂膜

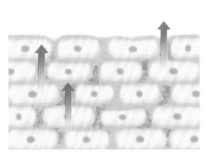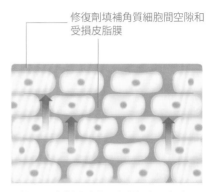

▲ 沒擦修復劑之前，角質細胞排列凌亂，
　 皮脂膜不完整，表皮水份大量流失

▲ 擦了修復劑後填滿了角質細胞間空隙和
　 修補受損皮脂膜，阻止表皮水份流失

❷常見成份：

·神經醯胺(ceramides)：佔角質層中細包間脂質40%。

·膽固醇(cholesterol)：佔角質層中細包間脂質20%。

❸產品特色：成份簡單的類皮脂精華液或乳霜。

❹適合對象：

·敏感肌或問題性肌膚：這一類仿天然皮脂成份的保濕用品可修補不全的皮膚屏障，以增加肌膚的抵抗力。

·醫學美容術後保養：醫美治療術後兩週內，肌膚狀態會呈現較乾燥且敏感，術後選用此類仿天然皮脂成份的保濕用品可減低術後皮膚過敏的機率。

　　以上所提的是保濕成分選擇的大原則，不過市售的許多保濕用品往往所含的成份不會只有其中一類的成份，大部分皆會同時具有第一類和第二類，不過我們還是可以就主要成份將之歸類。

　　要作為保濕達人，建議各位美女們的保濕百寶箱

美麗小發現

保養是一種動力學，膚況是會隨著不同的季節、空氣中的濕度、溫度、年齡等外界環境變化而改變，自然保濕用品的選擇也需要作更換。

不妨添購上述三大類保濕用品各一瓶，應時制宜，對於保濕用品的選擇，絕對要三心二意，隨著天氣、膚況，每天搭配不同組合，必可保濕加分百分百。

把握洗臉後3分鐘──保濕最佳黃金時間

「到底要不要擦化妝水？」這個問題保養品業者和皮膚科醫師長期以來無法達到共識，也曾經在兩年前造成蠻大的新聞議題。如果現在有人拿一系列的保養品要我先淘汰一瓶，那雀屏中選的一定是化妝水，因為化妝水的成份約80%都是水，對於皮膚的幫助就是提供水份，給予暫時濕潤的感覺，由於所含的油脂微乎其微，沒有鎖水的能力，更談不上吸水力或修復力，所以單擦化妝水對皮膚沒有任何幫助，事實上，只要養成良好保養習慣，洗臉後三分鐘，趁著臉上還保有水份，塗上你的保濕聖品，就可以將水鎖在肌膚內了，也可以省下你的荷包囉！

不過門診中我遇過不少姊姊妹妹們告訴我，擦了十幾年的化妝水，如果不擦她們會覺得好像沒保養，所以如果你還是有這個保養的小習慣，我也不會堅決反對啦，不過我會建議選一些內含特殊成分的化妝水，例如有些化妝水是含有微量元素的溫泉水，對皮膚有舒緩鎮靜、抗氧化的效果，有些則會添加具有揮發性的醇類，對毛孔有暫時收縮的效果，縱然添加微量，對肌膚還是有幫助的喔！

Finding the Right Moisturizer /
找到最MATCH膚質的保濕品

如果你看完上述關於保濕的概念，還是一頭霧水不知道怎麼選擇適合自己的保濕成份、劑型嗎？ 回到PART1找出你的膚質，對照下表的年齡、季節，你就會找到現在最適合你的保濕產品種類喔。

▼選擇適合自己的保養品

		春	夏	秋	冬
<25歲的少女	油性	凝膠狀的鎖水劑	X	凝膠狀的鎖水劑	乳液狀的鎖水劑
	中性	乳液狀的鎖水劑	凝膠狀的鎖水劑	乳液狀的鎖水劑	乳霜狀的鎖水劑
	乾性	乳霜狀的鎖水劑	乳霜狀的鎖水劑	油脂狀的鎖水劑	油脂狀的鎖水劑
	敏感性	精華液狀的修復劑	精華液狀的修復劑	精華液狀的修復劑	乳霜狀的修復劑
25—40歲的輕熟女	油性	精華液狀的吸水劑	精華液狀的吸水劑	乳霜狀的吸水劑	乳霜狀的吸水劑
	中性	乳霜狀的吸水劑	精華液狀的吸水劑	精華液狀的吸水劑＋乳液狀的鎖水劑	精華液狀的吸水劑＋乳霜狀的鎖水劑
	乾性	乳液狀的吸水劑＋乳霜狀的鎖水劑	乳霜狀的吸水劑	乳霜狀的吸水劑＋乳霜狀的鎖水劑	乳霜狀的吸水劑＋乳霜狀的修復劑
	敏感性	乳霜狀的修復劑	精華液狀的修復劑	乳霜狀的修復劑	乳霜狀的修復劑
>40歲的熟女	油性	精華液狀的吸水劑＋乳液狀的鎖水劑	精華液狀的吸水劑	精華液狀的吸水劑＋乳液狀的鎖水劑	精華液狀的吸水劑＋乳霜狀的鎖水劑
	中性	精華液狀的吸水劑＋乳液狀的鎖水劑	精華液狀的吸水劑＋乳液狀的鎖水劑	精華液狀的吸水劑＋乳液狀的鎖水劑	乳霜狀的吸水劑＋乳霜狀的鎖水劑
	乾性	乳霜狀的吸水劑＋乳霜狀的鎖水劑	精華液狀的吸水劑＋乳霜狀的鎖水劑	乳霜狀的吸水劑＋乳霜狀的鎖水劑	乳霜狀的吸水劑＋油脂狀的鎖水劑
	敏感性	乳霜狀的修復劑＋乳霜狀的鎖水劑	乳霜狀的修復劑	乳霜狀的修復劑＋乳霜狀的鎖水劑	油脂狀的修復劑＋乳霜狀的鎖水劑

李醫師的小叮嚀

找不到混合肌的保濕方法嗎？別忘了混和肌的保養大原則，先找出你T字部位和兩頰的膚質，對照上表分區保養，雖然有點小麻煩，可是要當個水漾美人，可是偷懶不得的。

　　　　除了基礎保濕保養，美白或抗老也是各位美女們相當關心的保養重點，如果你是心機美人不只是想要保濕，想要加強機能性的美白或抗皺保養，還是可以參考上表的保養品劑型，因為所有機能性的美白或抗老保養品都含有保濕成份，只是這樣的機能性產品除了基礎的保濕成份還添加了美白或抗老的成份，所以產品的價格會比基礎保濕保養品高喔。

　　　　上表分區保養，雖然有點小麻煩，可是要當個水漾美人，可是懶不得的。

Q&A
問吧！最容易搞錯的保濕Q&A，徹底說清楚！

Q | 保濕化妝水清爽不油膩，是油性肌膚的保濕聖品？

A | 錯！保濕化妝水的成份約70%～80%都是水，沒有任何鎖水以及吸水的能力，不具有任何保濕效果，油性肌本身分泌的皮脂是你最天然的保濕劑，在炎熱的夏天不需要再擦保濕品，而寒冷的冬天選擇基本型的保濕水狀乳液就可達到良好保濕效果。

Q | 痘痘長不停，我都不敢擦任何保養品？

A | 即使是痘痘性肌膚，還是要擦保濕乳液喔！因為大部份的抗痘藥膏都有抑制皮脂腺的效果，所以治療痘痘時，皮膚都會比較乾燥，此時容易造成皮脂腺反彈，皮脂分泌反而更多，所以應該要擦一些保濕乳液喔！建議你可以選擇通過致粉刺性測試(non-comedogenic)的保濕凝膠或乳液。

Q | 不是說玻尿酸很保濕，這瓶號稱高濃度的玻尿酸精華液，皮膚怎麼越差越乾？

A | 這樣的問題較常發生於乾性肌或問題性肌膚，肌膚本身的鎖水力不夠，所以單擦吸水力高的保濕精華液是不夠的，別忘了擦完保濕精華液後，要擦上鎖水力強

的乳液或乳霜，才可將保濕精華液的保濕成份停留在皮膚中，而不會讓水分流失而越差越乾。

Q｜敷完保濕面膜可有效保濕不須再擦保養品？

A｜保濕面膜主要是藉著敷面膜密封的方式將保濕精華液快速滲透至皮膚，增加肌膚的含水量，除非你是油性肌已有天然的鎖水膜，敷完面膜後，還是乖乖的擦上鎖水力強的保濕乳液吧，才不會白敷了面膜。

Q｜保濕面膜敷越久越保濕？

A｜當然不是，敷太久時，一旦面膜乾掉了，會造成皮膚的水份往空氣中揮發，此時面膜中的成份濃度會變高，容易造成皮膚的刺激，所以敷面膜最正確的方式應該只敷10～15分鐘，之後立即擦上密封性的保濕乳液或面霜。

Q｜一旦選定了好用的保濕品就應從一而終？

A｜肌膚的生理狀況會隨著外在環境溫度、濕度而改變，所以保養應該是動態性保養，保濕品不可從一而終，須隨季節更換。

Q｜噴霧式化妝水可隨時補充水分，是冷氣房保濕聖品？

A｜只單擦化妝水對肌膚不具保濕效果，相反地，反覆的擦拭化妝水，如果沒有補充乳液或面霜，水份會不斷的蒸發，皮膚反而會越來越乾。

保濕 / # 化妝水

SK-II /
青春露
150ml　NT：3300
保濕度 ★ ★ ★
舒緩度 ★
微量元素 ★
推薦理由：
「不同於一般化妝水是含80~90%
的水分，青春露是含90%pitera，
成分中有氨基酸、醣類、酵素等，
有保濕效果以及促進肌膚代謝。」

Avène / 雅漾
舒護活泉水
300ml　NT：670
保濕度 ★
舒緩度 ★ ★
微量元素 ★ ★
推薦理由：
「成分為100%雅漾舒護活泉水，
按壓噴霧式設計，含豐富微量元
素，可以舒緩修復肌膚。」

化妝水雖然不是保濕保養的必要步驟，但是還是有許多人已經
養成使用化妝水的習慣，總覺得不擦好像就沒有保養。我建議
如果你非用不可，避開成分大部分只是純水的產品，選擇對肌
膚有幫助的含礦物微量元素溫泉水或是有專利成分的化妝水。

VICHY／薇姿
溫泉舒緩噴霧
150ml　NT：400
保濕度 ★
舒緩度 ★★
微量元素 ★★
推薦理由：
「成分為100%薇姿溫泉水，溫泉水中含豐富微量元素，是舒緩肌膚的好幫手，每次噴完後一定要擦上保濕乳液或乳霜，鎖住肌膚水分。」

LA ROCHE-POSAY／理膚寶水
舒緩溫泉噴液
150ml　NT：450
300ml　NT：600
保濕度 ★
舒緩度 ★★
微量元素 ★★★
推薦理由：
「成分為100%理膚寶水溫泉水，含豐富微量元素及礦物鹽，可以舒緩修復肌膚。其中含有抗老微量元素─硒，可以對抗老化的殺手自由基。」

SAINT-GERVAIS／聖泉薇
滋養化妝水
200ml　NT：680
保濕度 ★★
舒緩度 ★
微量元素 ★
推薦理由：
「由93%的聖泉薇活泉水，以及油脂類保濕成分，沒藥醇舒緩成分組成的保濕性化妝水。產品帶有香味。」

保濕 ／ 精華液

保濕精華液中主要的成分是高濃度的吸水劑，可以幫助肌膚補充水分，迅速提升肌膚飽水度，但是由於大部分劑型為不含油質配方，鎖水度較差，如果你是乾性肌或熟齡肌，可是要再補擦保濕乳液或乳霜，鎖住你肌膚中的水分。

BIOPEUTIC／葆療美
玻尿酸瞬效保濕純露
1oz　NT：1280
2oz　NT：1980
保濕度 ★★★
清爽度 ★★
吸收度 ★★★
推薦理由：
「除了含玻尿酸、黏多醣體、木醣醇多重保濕成分，還添加了三胜肽抗老成分。劑型為接近水狀的凝膠，擦上肌膚後，一開始會有黏黏的感覺，推開後就會變得很清爽，吸收力佳。」

NOV／娜芙
潤膚蠶絲全效鎖水精華
30g　NT：1980
保濕度 ★★
清爽度 ★★★
吸收度 ★★★
推薦理由：
「專為敏感性肌膚設計的保濕精華液，保濕成分為神經醯胺、角鯊烷類皮脂膜成分以及荷荷葩油，強力鎖住肌膚水分。白色乳液狀質地，瞬間滲透，很容易被肌膚吸收，也很清爽。」

VICHY／薇姿
新潤泉舒緩保濕菁華
30ml　NT：1450
保濕度 ★★
清爽度 ★★★
吸收度 ★★
推薦理由：
「質地為白色凝膠狀，擦起來清爽不黏膩，吸收力也很好，主要保濕成分為玻尿酸，帶一點淡淡的香味。」

NeoStrata／妮傲絲翠
乳糖酸柔潤菁華露
30ml　NT：2500
保濕度 ★★
清爽度 ★
吸收度 ★★
推薦理由：
「含10%乳醣酸、甘油保濕成分、擦起來會有一點點黏，不過成分中添加了維他命A、C、E，除了保濕還兼顧了多重抗氧化，延緩肌膚老化。」

NEO-TEC／妮新
高效潤膚凝露
30ml　NT：2500
保濕度 ★★★
清爽度 ★★★
吸收度 ★★
推薦理由：
「產品劑型為透明液狀，成分內含8%高濃度的玻尿酸，但是質地還是很清爽，一點都不會造成肌膚負擔。另外還添加了維他命B舒緩修復肌膚。」

保濕／乳液

NOV ／ 娜芙
潤膚乳液
80ml　NT：1540
保濕度 ★★
清爽度 ★★
吸收度 ★★★
推薦理由：
「擦起來觸感很細緻，白色液狀質地，很清爽，也很好吸收，含神經醯胺、玻尿酸保濕成分。」

NeoStrata ／ 妮傲絲翠
乳糖酸乳液
100ml　NT：1800
保濕度 ★★★
清爽度 ★
吸收度 ★★
推薦理由：
「含乳醣酸、內酯形葡萄糖酸、丙二醇輕健康肌的秋冬保養以及輕熟女的簡易

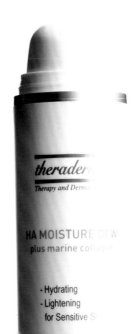

theraderm ／ 臻水
海洋膠原修護乳
50ml　NT：1850
保濕度 ★★★
清爽度 ★★
吸收度 ★★
推薦理由：
「不只是基本保濕品，除了玻尿酸、海藻萃取吸水成分和荷荷葩油鎖水成分，還添加了葡萄萃取、維他命E抗老成分。」

想要開始保濕保養，水多於油的保濕乳液，是年輕健康肌應該要購入的第一瓶保養品，而不是化妝水，選擇這類產品時，要兼顧保濕度和清爽度。

LA ROCHE-POSAY ／ 理膚寶水
多容安濕潤乳液
40ml　NT：750

保濕度 ★★
清爽度 ★★★
吸收度 ★★★
推薦理由：
「和多容安滋潤面霜一樣含有甘油、角鯊烷保濕成分，作成乳液劑型，擦起來很清爽，觸感也很柔滑。除了適合年輕健康肌膚，也推薦給偏油性的敏感性肌膚。」

、甘油多重保濕成分，因為有添加油質成分，相較其他產品，質地比較滋潤，吸收力佳，適合年保濕保養。」

SAINT-GERVAIS ／ 聖泉薇
清新白茅保濕乳液
50ml　NT：860

保濕度 ★★★
清爽度 ★★
吸收度 ★★
推薦理由：
「基本款保濕乳液，滋潤度很好，但是不會油膩，擦上肌膚時延展性佳，很容易推勻，有淡淡的香味。」

保濕 / 乳霜

Perricone MD. / 裴禮康
全效玫瑰保濕乳

2oz　NT：2980

保濕度 ★★★
滋潤度 ★★
吸收度 ★★★

推薦理由：

「質地輕薄的乳霜，觸感很清爽不油膩，擦上肌膚後會立即滲透，保濕性佳。除了基本保濕成分，還添加了硫辛酸、酯化C，兼具抗老、美白效果。不過產品有濃郁玫瑰香味，好不好聞就依個人喜好。」

KIEHL'S /
全效修護霜

56g　NT：1150

保濕度 ★★
滋潤度 ★★★
吸收度 ★★

推薦理由：

「淡黃色乳霜質地，保濕成分雖然以油脂類為主，但是一點都不會黏膩，好推好吸收，使用後皮膚摸起來會滑滑的，滋潤的效果很好。」

乳霜的成分和乳液相似，但是油脂的含量比較高，擦起來會比乳液厚重些。好的乳霜會讓肌膚有滋潤感，但是不會油膩，增加肌膚負擔，導致毛孔阻塞、粉刺等肌膚問題。

A-DERMA ／ 艾芙美
燕麥高效舒緩保濕霜
40ml NT：990
保濕度 ★★★ 滋潤度 ★★ 吸收度 ★★★
推薦理由：
「艾芙美的產品主要是含有專利燕麥粹取保濕成分，這瓶保濕霜還多添加了維他命E，擦起來的觸感十分滑順，質地細緻，容易推勻又不會黏膩。」

Avène ／ 雅漾
深層滲透保濕乳（滋潤型）
40ml NT：1280
保濕度 ★★ 滋潤度 ★★★ 吸收度 ★★
推薦理由：
「典型的基本款保濕乳霜，含多種植物性油脂，擦起來的感覺比較滋潤，產品鎖水力強，適合乾性肌膚使用。」

FORTE ／
時光瞬效乾性修護霜
104ml NT：3200
保濕度 ★★ 滋潤度 ★★★ 吸收度 ★★
推薦理由：
「質地擦起來十分滋潤，量不用很多就有好的保濕效果，含多種油脂性成分以及濕潤劑保濕成分，非常適合水分容易流失的秋冬季節。」

NeoStrata ／ 妮傲絲翠
內脂型葡萄糖酸面霜
40g NT：1500
保濕度 ★★ 滋潤度 ★★★ 吸收度 ★★
推薦理由：
「主成分為15%內脂型葡萄糖酸，除了作為保濕面霜，大分子的果酸產品可以溫和的幫助角質代謝，是無法輕鬆去角質的熟齡乾性肌，改善肌膚暗沉、粗糙的好選擇。」

保濕／面膜

NOV ／ 娜芙
保濕敷容霜
100g　NT：1320

補水度 ★★
鎖水度 ★★
服貼度 ★★

推薦理由：
「面霜式的水洗面膜，含有玻尿酸、甘油、角鯊烷保濕成分，敷完後可以增加乾燥肌膚的潤澤感。無香料、色素，低刺激性，是不適用高濃度精華液紙面膜的敏感性肌膚保濕的好幫手。」

VICHY ／ 薇姿
能量礦物保濕面膜
50ml　NT：680

補水度 ★★
鎖水度 ★★★
服貼度 ★★

推薦理由：
「含甘油、乳木果油保濕成分，以及溫泉水中的礦物元素，可以修膚乾燥性肌膚。面霜式的水洗面膜，敷起來感覺舒服，成分瞬間滲透吸收，快速恢復肌膚水嫩感，帶點淡淡香味。」

市面上保濕面膜的形式分為兩種，面霜狀的保濕面膜和含高濃度精華液的紙狀面膜。想要擁有水嫩肌膚，除了用對了基本保濕產品，還要每週固定使用2～3次保濕面膜來保養你的肌膚。

FORTE ／
水肌美顏修復面膜

5片　NT：1000

補水度 ★★★

鎖水度 ★

服貼度 ★★★

推薦理由：

「精華液中除了含玻尿酸、自然保濕因子，可以迅速補充水分，增加肌膚飽水感，明亮度，還添加神經醯胺保濕修復成分，屬於補水型面膜，敷完後要再擦上保濕乳液或乳霜鎖水。面膜質地厚薄適中，為耳掛式，所以很服貼，值得一提的是，這片面膜不單單只照顧到臉部肌膚，還有敷下顎的面膜，非常貼心的設計。」

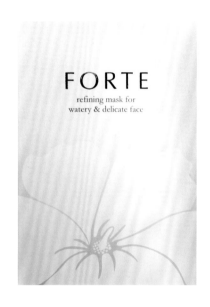

NEO-TEC ／ 妮新
玻尿酸高效潤膚水凝膜

4片　NT：480

補水度 ★★

鎖水度 ★

服貼度 ★★

推薦理由：

「這是補水型面膜，敷完後肌膚會快速補足水分，明亮度瞬間提升。精華液中的保濕因子主要為玻尿酸、甘油、丙二醇等吸水劑成分，所以敷完面膜後記得要再擦上保濕乳液或乳霜鎖水喔。」

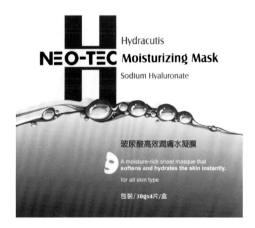

PART／04

美白╳防曬大作戰
淨白美女不是夢

黑麻麻想變白透透？紫外線是你最大的敵人！

素肌美人第一課：美白、防曬嚴陣以待

「醫師，我從小就是黑肉底，有什麼方法可以白一點？」

「醫師，我想要把臉上的黑斑打掉，不然看起來臉都髒髒的。」

「醫師，我最近都沒有出門、沒有曬到太陽，怎麼斑還是一直長？」

「醫師，美白保養品到底要擦多久皮膚才會變白？」

一年四季、不分季節，當皮膚科醫師多年來，每天我一定會遇到病人諮詢關於美白的議題，主要是因為在東方女性的審美觀普遍相信一白遮三醜，擁有白皙無暇的肌膚，也就等於擁有了美麗。如何美白去斑，作個淨白美女是愛美一族所追求的目標，但是往往每個人修煉的成果卻大不相同，主要是因為皮膚的白皙與否會受許多因素影響，包括先天的膚色種類、是否有容易長斑的體質，後天接受的紫外線傷害多寡等等。以下就讓我們針對各項因素一一地加以闡述，並提出個個擊破的好方法，以達到全方位美白。

解讀基因膚色密碼

黑色素＝先天遺傳性＋後天刺激性
黑麻麻能變白透透嗎？

為什麼市面上的各式各樣美白保養品和美白小偏方，我都已經用過了，我還是這麼黑？這是所有黑美人的心聲。事實上，決定膚色的因素包括紅(含氧血紅素)、藍(缺氧血紅素)、黑(麥拉寧黑色素)三種顏色，而其中最重要的就是黑色素。黑色素是由黑色素細胞所合成和分泌，皮膚的黑色素的來源包含先天遺傳性

和後天刺激性兩大因素，其中遺傳性黑色素的多寡由
基因所決定，它是無法被美白保養品所抑制。

美國Fitzpatrick教授根據先天膚色差異及日曬反
應，將皮膚分為以下六型：

▼不同膚質的日曬反應

		膚色深淺	光老化速度
第一型	非常容易曬傷，但不會曬黑的白種人。 非常快速光老化。		▁▂▃▅
第二型	容易曬傷，膚色會稍微變深。 快速光老化。		▁▂▃▅
第三型	有時會曬傷，曬了會變黑。 容易光老化。	▁▂▃	▁▂▃
第四型	很少曬傷，曬了容易變黑。 中等速度光老化。	▁▂▃	▁▂
第五型	極少曬傷，只會曬黑。 較慢速度光老化。	▁▂▃▅	▁
第六型	從不曬傷，本身就是皮膚黝黑的黑人。 最慢速度光老化。	▁▂▃▅	

你找出自己是第幾型了嗎？ 亞洲人種的皮膚大致
上屬於第二型至第五型，屬於第幾型的膚色可是與生
俱來的，這也就是黑美人無法變白美人的原因，不過
也別太氣餒，你知道嗎？你的黑皮膚相較於白皮膚對
紫外線可是有較大保護力，黑色素是天然的防曬品，
大約可提供SPF4~6左右的防曬效果，雖然不足以對抗
平日的紫外線傷害，但是相較於白美人，你比較不會
曬傷，也比較不容易產生皮膚病變，同時你的光老化
速度也比白美人來的慢，所以你會比較慢老！

肌膚檢測給你答案

你了解自己是那一型了嗎？你是先天性的黑美
人？還是後天性的黑美人？塗抹美白保養品和美白治
療，我可以變白嗎？

李醫師的小叮嚀

如果你是先天的白美人，硬要把自己曬成焦糖美人，那你不僅不會老得慢，反而會未老先衰，乾燥、粗糙、皺紋等皮膚老化表徵可是會提早向你報到喔！

在這裡提供大家一個檢測小方法，由於手臂內側不易受後天刺激性黑色素的影響，最接近先天性的膚色，所以看看自己手臂內側和外側的膚色是否有差異，如果有，表示你的美白保養是不及格的，你是屬於後天性的黑美人，趕緊加強美白防曬，讓自己白回來，以手臂內側的膚色當作你的美白目標，如果內、外側是一致的，表示你作對了防曬保養，但是如果你屬於先天性的黑美人，美白保養品和美白治療對你的幫助就極為有限囉。

3招讓討厭的黑色素bye bye！

要做好美白保養，我們不能改變先天性基因所決定的黑色素多寡，但是對於後天性黑色素的三大兇手：紫外線、賀爾蒙、皮膚創傷，可是別輕易放過，因為它們就是造成臉上斑斑點點的罪魁禍首。

第1招：隔絕讓你變黑的頭號兇手——紫外線

紫外線可分為ABC三種，其中紫外線C光在經臭氧層時會被大氣所阻絕，所以目前防曬的目地，就是以隔絕紫外線A光及B光為主。長波紫外線A光可以穿透雲層及玻璃，所以即使在室內，你還是會接受到紫外線A光的傷害喔，它可是造成皮膚曬黑及老化的元凶，短期的曝曬容易滋生斑點，若是長期累積其曝曬量，更是容易促使皮膚提早老化，最後甚至衍生皮膚癌；至於容易造成皮膚曬紅、曬傷及脫皮的短波紫外線B光，長期的影響也可能造成皮膚老化或產生皮膚癌。

如果平時沒有做好防曬準備，當我們的身體受到紫外線傷害時，身體就會產生許多自由基，進而引發自我防衛機轉，此時為了保護肌膚不受紫外線的傷害，表皮基底層中的黑色素細胞受到刺激，就會製造出更多麥拉寧黑色素，若是經常曝曬，黑色素細胞數

目便會增加，這也就是為什麼經常曬太陽的人，膚色會越來越黑。此時如果新陳代謝變慢，或紫外線的傷害過大，黑色素無法完全排出，黑色素就會沈澱或產生過多的黑色素細胞而形成黑斑。

第2招：賀爾蒙變化期 —— 加強防曬

女性在懷孕期間，因為賀爾蒙的變化及影響，黑色素的活性會比平時更活躍，若是恣意毫無防護地任陽光刺激皮膚的話，皮膚可是會跑出許多惱人的斑斑點點喔。這也就是為什麼在懷孕期間，女生特別容易長斑，而乳暈、腋下及跨下等處的皮膚，也很容易產生黑色素沉澱。除了懷孕，服用避孕藥及處於停經時期的婦女，體內的賀爾蒙也會發生一些變化，此時特別容易形成黑斑，所以可別忘了要加強你的防曬保養喔。

第3招：避免皮膚創傷 —— 降低色素沉澱機率

這裡指的就是皮膚發炎後之色素沉澱。當皮膚受傷或發炎之後，黑色素會由表皮層掉落到真皮層所造成，並從發炎的紅色轉為深褐色，再褪成淡褐色的斑痕。最常見的就是擠壓青春痘所留下的色素痘疤或蚊蟲咬傷後所殘留的印記。

▼認識黑色素的形成過程

1. 表皮角質細胞受到紫外線等外界刺激 —— 釋出活性氧分子

2. 表皮角質細胞發出信號導致黑色素細胞活化

3. 黑色素細胞開始合成黑色素

4. 黑色素體轉移至表皮角質細胞

5. 黑色素體逐漸分解

6. 崩解的黑色素跟隨著老舊角質代謝掉

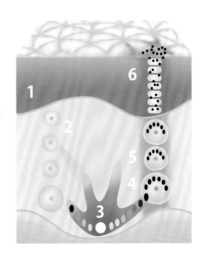

認清楚！有效美白的明星成份

「市面上美白保養品琳瑯滿目，我到底要怎麼選？」「這瓶號稱美白最速效，網路都賣到缺貨，還有名人推薦的產品，我已經擦了好幾個月，怎麼一點效果都沒有？」，這些是我在門診時常被病人問到的問題。

每當春暖花開的季節，市面上就可見到各式美白保養品如雨後春筍般冒出來，面對這麼多的美白產品，消費者在購買時往往並沒有去真正了解你買的保養品是否含有有效美白成份，相對的很容易受廣告台詞或名人代言而決定購買與否，導致後來的美白成效和預期的期待值有很大的落差。

有效美白成份需要符合以下作用機轉其中一種，而這些機轉又以黑色素的生成作為分界點，分為三大時期：

李醫師的小叮嚀

想要作一個淨白美人，建議你還是要對美白小常識下點功夫、作點功課，了解有美白效果的成份有那些以及其作用機轉為何，才會選對真正有效的美白保養品。

第一時期：黑色素生成前

維他命A酸 (Retinoids)

直接影響黑色素細胞核分泌正常化，在黑色素生成前阻止合成，也可剝除老舊角質、加速代謝掉老舊角質的黑色素塵粒，所以可同時阻斷黑色素生成前、後兩個時期。是醫師處方用藥，具皮膚刺激性、為三合一美白藥膏重要成份，濃度建議：0.04~0.1%。

維他命C，維他命E，多酚類等(詳見part5)

可截取身體過多自由基，可從源頭切斷黑色素生成的訊號。這一類抗氧化成份是你不可或缺的抗老成份，但是它的強效抗氧化可以攔截活性氧分子，阻斷皮膚基因受損，自然就阻斷活化黑色素細胞的訊號。

第二時期： 黑色素生成中

對苯二酚 (Hydroquinone)

膚色的決定在於黑色素內的黑色小體，黑色素經由黑色素細胞產生後會被分散至周圍的表皮細胞，最後經由表皮細胞代謝過程將黑色素排除，醫藥美白級成份中的對苯二酚會破壞黑色素細胞進而達到抑制黑色素的產生。

除了抑制酪胺酸酶、還會破壞黑色素細胞，為最強效的美白成份。對苯二酚是醫師處方用藥、具皮膚刺激性、也是三合一美白藥膏成份之一，濃度建議：1~4%，適合雷射術後短期使用，以避免返黑現象，不建議作為日常保養品。

杜鵑花酸 (Azelaic acid)

抑制酪胺酸酶的活性，對處於活躍期的黑色素細胞效果最好。Azelaic acid正確名稱應該是壬二酸，和杜鵑的英文Azalea類似，早期翻譯時被誤稱，之後就將錯就錯，其實它和杜鵑並沒有任何關係。杜鵑花酸是醫師處方用藥、主要用於治療青春痘，濃度範圍為15~20%，具皮膚刺激性，現在市場上也有含低濃度杜鵑花酸的美白精華液。

熊果素 (Arbutin)

可抑制酪胺酸酶，屬於強效的美白成份。化學結構類似對苯二酚，但刺激性較低。

鞣花酸 (Allagic acid)

可抑制酪胺酸酶，屬於多酚的一種，覆盆莓、蔓越莓、紅石榴等水果含有此成份。

傳明酸 (Tranexamic acid)

可明顯抑制酪胺酸酶和黑色素細胞活性，俗稱斷血炎，醫療上本來是作為凝血用途，間接發現有美白

美麗小發現

斑點的催生者是黑色素細胞，在其分泌過程中，還需要一項極重要的催生角色 —— 酪氨酸酶，這是黑色素生成的速率決定步驟。因此，若能有效阻斷酪氨酸酶，自然能遏制皮膚斑點的生成，進而達到美白的目的。可以抑制酪胺酸酶的美白成份都是屬於強效美白成份，包括對苯二酚、熊果素、麴酸、甘草萃取物等都屬於這一類。

效果，是美白針的重要成份，而口服傳明酸也常作為美白雷射術後的預防用藥。

甘草萃取 (Licorice extract)

同樣能抑制酪胺酸酶活性。在保養品中濃度為10~40%，雖然不是衛生署認可的美白成份，但常和其它美白成份一起添加於美白產品中，美白效果不錯。

維他命C磷酸鎂鹽 (Magnesium ascorbyl phosphate)
維他命C磷酸鈉鹽 (Sodium ascorbyl phosphate)
維他命C葡萄糖 (Ascorbyl glucoside)

黑色素的產生是一連串氧化的過程，左旋維他命C不僅具抗氧化、抗老化的功效，緩和皮膚皺紋過早出現，亦可還原麥拉寧黑色素，達到美白功效，現今醫學美容的科技進展，可藉由超音波導入後，將左旋維他命C成分高度滲透至皮膚底層，是改善黑眼圈及淡化黑色素沉澱的輔助療法。最重要的是將深色的氧化型黑色素加以還原而形成淡色的還原型黑色素，亦可從源頭截取自由基，阻斷黑色素生成的訊號。

第三時期： 黑色素生成後

菸鹼醯胺 (Niacinamide) 就是維它命B3

黑色素細胞完成黑色素的製造後，會藉由突觸生成將其運送分散到表皮細胞，造成膚色變黑。菸鹼醯胺可以抑制黑色素的轉移過程，讓形成的黑色素只侷限於表皮底部的黑色素細胞內，使之無法擴散至表皮細胞。除了美白用途，菸鹼醯胺在保養品中還有改善肌膚臘黃、減少皺紋以及降低皮脂分泌，改善毛孔粗大的功效。

大豆萃取 (Soybean extract)

和菸鹼醯胺相同，大豆萃取也可以抑制黑色素從黑色素細胞中轉移至表皮細胞，除了美白功效，大豆

蛋白內的生物異黃酮也是有效抗氧化劑和植物性雌激素。

維他命A酸 (Retinoids)

除了在黑色素生成前就阻止合成，還可在黑色素生成後，藉著去除老舊角質，加速代謝，排除堆積黑色素，以改善暗沈膚色，增加皮膚光澤。

果酸、水楊酸

非真正的美白成份，可去除老舊角質、加速表皮細胞代謝，以排除堆積的黑色素。

看得頭昏眼花嗎？記不清楚那些是有效的美白成份嗎？如果你還是有看沒有懂，沒關係，就讓衛生署幫我們把關吧，記住下表衛生署認可的八種美白成份，購買美白保養品前，檢視一下有沒有這些成份，濃度又會不會太低？當個smart的消費達人，這樣你才會買到真正有效的美白保養品。

▼ 衛生署認可的八種美白成份

成份	濃度上限
❶維他命葡萄糖苷 (Ascorbyl glucoside)	2%
❷維他命C磷酸鎂鹽 (Magnesium ascorbyl phosphate)	3%
❸維他命C磷酸鈉鹽 (Sodium ascorbyl phosphate)	3%
❹麴酸 (Kojic acid)	2%
❺熊果素 (Arbutin)	7%
❻鞣花酸 (Ellagic acid)	0.5%
❼洋甘菊粹取物 (Chamomile ET)	0.5%
❽傳明酸 (Tranexamic Acid)	2.0~3.0%

選對保養品，把黑色素一網打盡

使用美白保養品前應先確定自己的目的，如果你在乎的是臉上的斑斑點點，就應先接受醫師諮詢，確認斑點種類，接受雷射或脈衝光治療，術後再選用有效的美白保養品，做好術後美白保養。

我認為一個全方位的美白保養品應該同時涵蓋黑色素形成前、中、後三個不同時期的有效成分，前期可使用強效的抗氧化成份，在黑色素生成前就先阻斷其生成訊號；中期一定要有可以抑制酪胺酸酶的成份，例如麴酸、熊果素等；後期則可以使用果酸、水楊酸等加速黑色素的排除，才能將黑色素徹底一網打盡，一旦選對了正確的產品，還需要持之以恆，耐心使用兩個月以上才可以見到效果。

Check The Spots ⁄
確認斑點種類，對症下藥

做對了，斑點速速退下！

想要當個淨白美女，不僅是膚色要白，對於臉上的斑斑點點當然不能手下留情，所謂「除惡務求殆盡」正是這個道理。要打擊黑斑，一定要先了解黑斑形成的原因以及自己是那種斑，才能正確對症下藥。

依斑點生成的位置來區分，可將臉上大部分常見的黑斑歸納為三大類：表淺斑、深層斑、混合型斑點。表淺斑顧名思義位於表皮層，如雀斑、曬斑等；至於深層斑，則是位在真皮層，如太田母斑、顴骨母斑等；或是混合型，包括真皮層與表皮層的底層深部，如肝斑、皮膚發炎後之色素沉澱等。以下依斑點的深淺做分類，並提供淡斑、去斑的治療建議：

李醫師的小叮嚀
不要隨意購買來路不明的美白產品，有許多速效的產品往往會加入衛生署不許可用於保養品的藥用成份對苯二酚，此為醫師處方用藥，應該在醫師的建議下使用，並不適合作為日常保養用品。

▼除斑建議

位置深淺	斑點名稱	斑點特性	誘發因子	治療對策
表淺型斑點 表皮層	雀斑	●好發於孩童時期 ●以細小、淡棕色斑點分布於臉頰、鼻子	遺傳	●使用色素斑雷射1次治療就可成功 ●運用溫和的脈衝光則需施打2至3次
	曬斑	●好發30歲以上 ●大小、顏色深淺不一的褐色斑點	紫外線	●使用色素斑雷射1至2次治療就成功 ●運用溫和的脈衝光則需施打2至3次
	老人斑	●好發40歲以上 ●凸起的深棕色斑點	紫外線	●使用雷射治療1至2次就可成功
	咖啡牛奶斑	●屬於胎記的一種，但幼年時不會表現，青少年或20歲過後才出現 ●大小不一的棕色斑塊	胎記	●使用雷射治療需2至4次
深層型斑點 真皮層	顴骨母斑	●青春期開始在兩側顴骨出現分散的藍黑色斑點 ●隨著年紀增長範圍逐漸擴大	體質	●運用雷射擊碎位於真皮層的色素顆粒，使斑點分裂崩解 ●需經四至六次不等的雷射治療 ●脈衝光治療無效
	太田母斑	●孩童時期開始出現 ●好發於額頭、太陽穴、臉頰 ●多以單側藍黑色斑塊表現 ●隨著年紀增長範圍逐漸擴大	胎記	●治療方式同顴骨母斑

混合型斑點表皮＋真皮層	黑色素痣	●孩童時期就會出現，可能隨著時間逐漸增加	體質	●手術切除 ●電燒灼 ●雷射
	肝斑 又叫孕斑	●對稱分布於兩頰的肝褐色斑塊，所以稱為肝斑，和肝臟疾病無關 ●好發於三十歲以上女性，特別是懷孕過後	紫外線、荷爾蒙、體質	●無法根治、但可有效控制及淡化 ●肝斑的淡化，以外用塗抹三合一美白藥膏為主 ●合併口服美白藥以及強效美白保養品 ●脈衝光、淨膚雷射、飛梭雷射可作為輔助治療，加速黑色素代謝
	發炎後色素沉澱	●大小、顏色不一的棕色斑點	創傷引起的皮膚發炎反應，例如蚊蟲叮咬或青春痘等	●淨膚雷射 ●三合一美白藥膏 ●口服美白藥 ●強效美白保養品

　　我想藉由上表，你應該診斷出自己的黑斑，也知道合適的除斑方法，此時可別得意忘形，輕忽了防曬這個小動作，除斑治療後擦防曬乳可是比擦美白霜還要來得重要，對於防曬的觀念，雖然幾乎是人人皆知，但是在門診中我還是常常聽到許多似是而非的觀念，以下簡單釐清一些防曬的錯誤迷思。

Sunscreen

就是這瓶！美白肌膚的好幫手

　　選對了美白保養品，想要擁有淨白肌膚，你只做對了一半，還有一項關鍵因素是不可忽略的——徹底隔絕紫外線，如此一來才是做到「美白滴水不漏」。但是面對市場上充斥的防曬產品，你知道怎麼選擇適合自己的產品嗎？

　　「這麼多種防曬係數，我到底要以哪一種為選購標準？」

　　「防曬乳液一定要用物理性防曬，因為最不刺激？」

　　「擦隔離霜就可以防曬，因為他有標示SPF？」

　　「防曬係數越高越好，不會對皮膚有任何傷害？」

　　「擦BB防曬霜後皮膚變得很光滑細緻，BB防曬霜是最好用的防曬產品？」

　　門診中，我時常得面對這些似是而非的詢問，其實對於防曬產品的選擇，一點都不難，我認為最重要的就是防曬係數要標示清楚，以及產品質地不會太油膩，不會造成毛孔阻塞，增加肌膚負擔。

只標示SPF是不合格的防曬產品

　　對於防曬係數大家最耳熟能詳的應該就是SPF，這是對紫外線B光的防曬係數標示，所謂SPF就是Sun Protection Factor，意即延長被紫外線B光曬紅、曬傷的時間倍數，舉例來說，如果皮膚不擦任何防曬產品十分鐘會曬紅，擦了SPF30的防曬產品後，被曬紅的時間會延長為三百分鐘。

　　而紫外線A光的防曬係數標示就不像紫外線B光有全球統一的標準，依據產品出產國有日系、歐系、美系三種標示，日系是以PA+～+++標示，美系以＊號標示，歐系早期是以PPD標示，現在歐盟最新的規定則為產品的UVA/SPF的值要大於等於1/3，也就是SPF/UVA要≦3，這樣就代表這個防曬品對紫外線A光有好的防護效果，可以標示為Ⓐ。所謂PA就是Protection factor in the UVA，　而PPD就是Persistant Pigment Darkening，意即延長被紫外線A光曬黑的時間倍數，舉例來說，如果皮膚不擦任何防曬產品十分鐘會曬黑，擦了PPD10的防曬產品後，被曬黑的時間會延長為一百分鐘。

　　　　　　由於紫外線A光的防曬係數較為混亂，我簡單的將其互相對應關係列表如下：

▼紫外線分類

紫外線	別稱	波長 (nm)	皮膚傷害	防曬係數標示
UVA 分為兩段	●長波紫外線 ●曬黑紫外線	Ⅰ：340~400 Ⅱ：320~340	到達真皮層 曬黑、長斑 皮膚老化	日系：PA 歐系：SPF/UVA≦3 美系：＊
UVB	●短波紫外線 ●曬紅紫外線	290~320	到達表皮層 曬紅、曬傷、 皮膚老化	SPF
UVC	●經臭氧層時會 　被大氣層過濾 　掉	＜290	無法到達地面	

▼UVA 的防曬係數 ： PA & PPD & ＊號的對應關係

UVA的防護能力	PA	PPD	＊
低	＋	2~4	＊
中	＋＋	4~8	＊＊
高	＋＋＋	8~12	＊＊＊
最高		>12	＊＊＊＊

　　（PS:現在的歐系產品雖然都不會再標示PPD，但是你還是可以藉著產品上標示SPF/UVA的比例，算出到底PPD是多少。）

防曬係數不一定高就是好

　　由於防曬係數愈高，其黏膩度相對增加，因此在選擇防曬乳液時，需以皮膚能夠接受的係數為原則，並非高係數就是適合自己使用的產品，可別做好了防曬，但是卻長了滿臉痘痘。

一般來說SPF30已經可以阻隔97%左右的紫外線B了，SPF15則可以阻隔93%的紫外線，所以平常生活作息使用SPF30應該足夠了。選購原則，日常生活以同時具有SPF30及PA++或SPF/UVA≦3為原則，若有從事戶外運動時，再選擇高防曬係數的產品，若要從事水上運動，則要選擇標示防水性(water resistant)的產品。

要做好防曬，除了嚴禁日正當中出門之外，不分晴天或陰天，你都需要塗抹防曬乳液；而且每次的使用量不可太少，防曬係數檢測時是以塗抹一平方公分兩毫克為測量標準，所以一張臉要塗抹大概十塊硬幣大小的防曬乳液才會有防曬係數標示的防護力。

另外防曬工作可別忘了眼睛、嘴唇這些最容易洩露年齡的地方，現在保養品市場中已推出專為眼、唇等皮膚較為敏感處使用的防曬產品，除了塗抹防曬產品，長袖、帽子也是阻隔太陽光的好幫手，最後提醒大家，防曬不只臉部而已，曝露在衣物之外的耳朵、手臂等處也需要你的細心防護！

物理性防曬 — 敏感性肌膚的最佳選擇

防曬的成份依其作用方式可分為物理性防曬和化學性防曬，所謂物理性防曬就是以反射、散射紫外線方式達到防曬效果，類似在皮膚上塗抹一層不透光物質以遮蔽紫外線，少見引起過敏反應，是敏感一族防曬用品的最佳選擇；而化學性防曬的原理則是利用化學物質吸收紫外線的方式達到防曬效果，其中PABA和Cinnamates是較常見引起過敏的成份，選擇化學性防曬產品時最好避開這兩種成份。

其實，現在市面上防曬乳液的主流多為物理性和化學性的混合型，而許多藥妝的防曬產品即使是混

美麗小發現

由於防曬液容易隨著汗液而流失，故請維持三小時再擦一次的補強動作，所以，不要一味的在意高係數，補擦才是防曬百分百的王道。

合型也都有通過敏感性測試，健康性肌膚選擇這類產品即可，不須矯枉過正，認為非使用純物理性防曬不可，因為物理性防曬所含的成份氧化鋅、二氧化鈦偏白，擦起來膚色會比較白，較不自然，防曬固然很重要，可別忽略了美感！

使用BB防曬霜　一定要卸妝

隨著韓風襲台，這一兩年在防曬保養品市場中也吹起了韓國美容界最流行的BB霜，宣稱擦了這種防曬霜後皮膚會變的光滑細緻。事實上，BB霜是Blemish Balm的簡稱，簡單翻譯就是遮瑕膏，產品除了防曬成分，還添加了粉底的成分，所以防曬加上妝一次搞定，皮膚當然完美無瑕囉！我想這樣的產品的確有它的賣點，不過可別忘了防曬的本質，你還是要確認產品的防曬係數是否詳細喔！另外，嚴格來說，它算是一種彩妝，所以各位BB霜的愛用者，晚上洗臉時一定要卸妝！

Q&A

問吧！有關美白的Q&A，一次搞清楚！

Q | 三合一美白藥膏聽說很有效，可以拿來全臉美白？

A | 當然不是，三合一美白藥膏有一定的刺激性，易引起過敏，只適合用在肝斑治療或局部蚊蟲叮咬、痘痘等發炎反應留下的色素沉澱，不可當作每天美白保養品。

Q | 宣稱有效美白產品這麼多，到底要怎麼選？

A | 美白保養品的選擇以含有衛生署認可的八種美白成份為首選（詳見p89），其中又以麴酸、熊果素為強效美白保養成份。

Q | 我已經選擇含有麴酸、熊果素等有效美白保養品，臉上的斑點怎麼都還在？

A｜美白保養品的作用主要在於淡斑以及抑制黑色素生成，無法去斑，想要去除臉上的斑斑點點，須先接受除斑雷射或脈衝光治療，再輔以有效美白保養品。

Q｜今天是陰天沒有陽光所以不用防曬？

A｜紫外線中的A光會穿透雲層，長期UVA累積傷害，皮膚較易老化、長斑，所以即使是陰天還是要擦防曬品。

Q｜使用SPF15的隔離霜＋SPF15的粉底等於SPF30的防曬效果？

A｜1＋1不等於2，SPF15可以阻隔93%的紫外線，而SPF30則可以阻隔97%的紫外線，使用粉底或隔離霜要達到預期的防曬效果，必須每平方公分擦兩毫克的粉底或隔離霜，這樣容易造成毛孔阻塞，也會化成一個大濃妝。所以在此提醒大家，防曬和化妝是兩回事，須徹底分開，選擇一個防曬係數標示清楚的防曬乳液即可做好防曬，至於隔離霜或粉底你要注意的是符不符合你的膚色，有沒有防曬係數並不重要。

Q｜聽說打美白針可以改變我的黑肉底？

A｜黑肉底屬於是先天性的黑美人，膚色較深決定於遺傳性基因，打美白針無法改變基因密碼，自然改變不了黑肉底。

Q｜化學性防曬成份會傷害肌膚？

A｜現在有許多藥妝類防曬產品雖然不是標榜純物理性防曬，含有化學性防曬成份，但有通過敏感性測試，並不會造成肌膚傷害。除非你是敏感性肌膚，並不需要刻意選用純物理性防曬。

美白／**面膜**

BIOPEUTIC ／ 葆療美
富勒寧淨白面膜
2oz　NT：980
16oz　NT：2400
亮白度 ★ ★ ★
保濕度 ★
服貼度 ★ ★
推薦理由：
「凝膠狀劑型，敷起來有清新的感覺。美白成分豐富包括富勒寧、傳明酸、維他命C醣苷、甘草萃取，還添加玻尿酸、海藻萃取、木醣醇保濕成分，敷完肌膚會變得比較透亮，但是這款面膜鎖水性差，敷完後記得趕緊擦上保濕乳液或乳霜喔！」

theraderm ／ 臻水
鑽石粉緊緻抗皺保濕嫩白面膜
1片　NT：390
亮白度 ★ ★
保濕度 ★ ★
服貼度 ★ ★
推薦理由：
「除了熊果素美白成分、還有海藻萃取、維他命E等保濕、抗老成分，敷完後敷色變得比較均勻，保濕度還不錯。」

SK-II ／
晶緻煥白瞬效智慧凝面膜組
6片面膜＋24片小凝膜　NT：2500
亮白度 ★ ★
保濕度 ★ ★ ★
服貼度 ★ ★ ★
推薦理由：
「這款美白面膜不是一片，而是一組，敷一片面膜時搭配四片會溶化的小凝膜，凝膜中含有高濃度的美白精華液，可以加強淡化臉上的斑點或色素沉澱，這是它和其他片狀美白面膜最大的不同。美白成分包含維他命C醣苷、Pitera、菸鹼醯胺，面膜材質很服貼，敷完後肌膚變得很明亮，保濕感也很好。」

美白面膜的型式基本上和保濕面膜相似，就是在保濕成分中多添加了美白成分，所以敷美白面膜兼具美白和保濕兩大效果。由於使用面膜會讓肌膚中的有效濃度瞬間拉高，所以一周最多用兩次就夠了，避免過度刺激。

美白 ╱ 精華液

BIOPEUTIC ╱ 葆療美
甘菊雪亮霜 10HP
0.5oz　NT：980
2oz　NT：2580
8oz　NT：7800
淡斑度 ★★★
明亮度 ★★
清爽度 ★★★
推薦理由：
「多重美白成分，包括高濃度的麴酸、鞣花酸以及菸鹼醯胺。產品劑型白色乳狀，但是質地很清爽，很好吸收。除了美白成分，添加了玻尿酸、葡萄聚醣保濕成分。」

BIOPEUTIC ╱ 葆療美
富勒寧超白精華液 VC25%
0.5oz　NT：1680
1oz　NT：2880
淡斑度 ★★
明亮度 ★★
清爽度 ★★★
推薦理由：
「透明液狀質地，成分為25%高濃度的維他命C、1%的富勒寧以及維他命E，多重強效抗氧化成分，能還原已經形成的黑色素，是防堵肌膚暗沉，保持白皙透亮的好選擇。」

NEO-TEC ╱ 妮新
高效雪顏凝露
30ml　NT：2500
淡斑度 ★★
明亮度 ★★★
清爽度 ★
推薦理由：
「25%高濃度左旋C加上麴酸是完美的成分組合，很適合日常美白保養，美白+抗老一舉兩得。質地為白色凝膠劑型，剛擦上皮膚會有一點點黏黏，推開後很快就吸收了。」

theraderm ╱ 臻水
全效麗質精純露
20ml　NT：2750
淡斑度 ★★★
明亮度 ★★
清爽度 ★★★
推薦理由：
「產品劑型為透明液狀，質地很清爽，成分內含高濃度的熊果素、麴酸，淡斑美白效果佳，除了日常美白保養，也很適合雷射術後使用，避免術後返黑。另外還添加了玻尿酸保濕成分。」

選擇美白精華液首重成分，如果你的目的是要淡斑或是作為雷射
術後美白保養，應該選擇含麴酸、熊果素等強效美白成分的精華
液；如果是想增加肌膚整體的明亮度、淨白感，那就選擇含高濃
度維他命C的產品，兼具美白、抗老兩大效果。

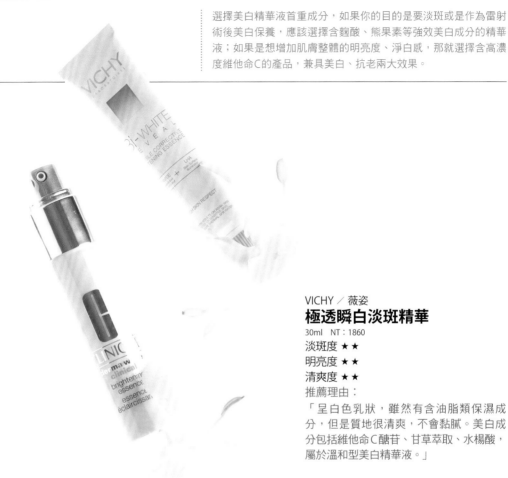

VICHY ／ 薇姿
極透瞬白淡斑精華
30ml　NT：1860

淡斑度 ★★
明亮度 ★★
清爽度 ★★

推薦理由：

「呈白色乳狀，雖然有含油脂類保濕成
分，但是質地很清爽，不會黏膩。美白成
分包括維他命C醣苷、甘草萃取、水楊酸，
屬於溫和型美白精華液。」

CLINIQUE ／ 倩碧
肌本透白科研喚白精華
30ml　NT：2500

淡斑度 ★
明亮度 ★★★
清爽度 ★

推薦理由：

「乳狀質地，成分中含維他命C醣苷、植物性抗氧化劑可還原生成的黑色素以及水楊酸代謝生成的黑色
素，和藥妝通路美白精華液相比，淡斑效果雖然較差，但是質地溫和，可以增加肌膚的透亮、淨白。」

美白 ∕ 防曬

theraderm ∕ 臻水
防曬隔離乳霜
SPF30
PA++
120ml NT：1650
清爽度 ★★
吸收度 ★★★
抗氧度 ★★
推薦理由：
「產品質地細緻，保濕度
佳，但不會黏膩，擦起來很
舒服。除了防曬還添加了維
他命A、C、E和大豆蛋白等
多重抗氧化成分。不含香
料，是一款純物理性防曬，
除了一般肌膚，也適合敏感

LA ROCHE-POSAY ∕ 理膚寶水
全護臉部清爽防曬液
SPF50
PA+++
30ml NT：950
清爽度 ★★★
吸收度 ★★
抗氧度 ★★★
推薦理由：
「雖然是SPF50，但是擦起來
完全不會有黏膩厚重感，質地
很清爽。不含香料，不含防腐
劑，是LA ROCHE-POSAY專為

LA ROCHE-POSAY ∕ 理膚寶水
安得利全護清爽防曬液
SPF30
SPF/UVA≦2.5
100ml NT：1100
清爽度 ★★
吸收度 ★★
抗氧度 ★★
推薦理由：
「雖然稱為防曬液，但是擠出來
還是乳狀質地，很好推勻，擦起
來有水水的感覺，很舒服，完全
不會增加肌膚負擔，而且還是防
水性防曬產品。」

日常生活的防曬，防曬係數為SPF 30／PA++就綽綽有餘了，最重要的是適時的補擦和塗抹足夠的量，所以選擇防曬產品，清爽度是很重要的。但是，如果你要從事戶外活動或水上運動，那可就要挑一個高防曬係數且兼具防水的防曬霜囉！

Avène ／ 雅漾
沁涼防曬乳
SPF50+
SPF/UVA≦3

100ml　NT：1390

清爽度 ★★★
吸收度 ★★
抗氧度 ★★★

推薦理由：

「高係數防曬產品，成分中加了矽烷無油配方，所以即使是乳狀質地，擦起來還是很清爽，滋潤效果也還不錯。」

NOV ／ 娜芙
防曬隔離霜
SPF35
PA++

30g　NT：1100

清爽度 ★★
吸收度 ★★
抗氧度 ★★

推薦理由：

「擦起來不會黏膩，但是有點粉粉的感覺，滋潤度比較差，擦此款防曬產品前，保濕打底工作要做好。無香料和防腐劑，刺激性

PART／05

抗老╳防皺
無齡美肌正流行

抗氧化即早做起！「預防系」保養概念，讓人猜不透年齡！

抗氧化保養應從25歲開始

　　「李醫師，我會不會老太快了？我才二十幾歲還不到三十歲，最近臉上突然出現了許多小細紋，皮膚也比以前黯沉，不上妝都覺得氣色不好。」我想這是所有跨過了25歲後的輕熟女都曾經面臨的問題。事實上，25歲雖是正值青春年華之際，但是你知道嗎？你的肌膚其實已經悄悄地啟動了老化的鑰匙，逐漸開始走下坡。我們先來了解影響皮膚老化的因素，你就可以知道為什麼25歲時肌膚會出現第一道歲月的痕跡。

透視肌膚老化的原因

　　皮膚老化的成因可以分為內在和外在兩大因素：

內在因素：細胞正常氧化代謝

　　內在老化指的就是細胞正常氧化代謝、產生自由基進而自然死亡的過程，內在老化速度的快或慢決定於父母給予你的基因密碼，所謂麗質天生就是這個道理，自然老化的速度比別人慢，所以又稱為先天性因素。

外在因素：紫外線、熬夜、抽菸、壓力

　　外在老化速度的快或慢則是取決於你後天環境生活下每天產生自由基的多寡。外在老化因素中其中紫外線照射大約佔了80%，這就是所謂的光老化，而其它包括壓力、熬夜、抽菸、空氣污染等也都是後天造成肌膚老化的因素，這些因素都會產生許多自由基，進而破壞我們的皮膚細胞，造成膠原蛋白流失、變性，皮膚就逐漸失去彈性、呈現鬆垮。

▼肌膚老化的外在影響因素

自由基VS.抗氧化酵素

那到底什麼是自由基呢？想要抗老，還是不要偷懶吧！了解一下老化的殺手─自由基這個名詞，所謂自由基簡單的說就是「帶有一個單獨不成對的電子的原子、分子、或離子」，由於電子必須成對才能使物質處於安定的狀態，所以自由基是一種極不穩定的物質，它為了達到自己的安定，就只好搶其它物質的電子來結合，使其它物質氧化失去電子，進而產生下個自由基，引發一連串氧化反應。

你知道當你一哇哇落地，你就開始產生自由基嗎？身體為了維持功能運作，我們細胞會代謝進行氧化作用產生能量，中間的過程就會產生許多自由基。不過我們的身體也有一套自我修復系統─抗氧化酵素，可以清除有害的自由基，但隨著年紀漸增，抗氧化酵素的含量會遞減，這也就是為什麼25歲你會突然變老的原因，因為你體內的抗氧化酵素開始走下坡了！所以別懷疑，25歲開始執行抗老保養大作戰，一點都不會太早！

「預防系」保養概念──打造年齡不明肌

我發現在美容門診中諮詢抗老回春的病患大部份都是發現臉部已有皺紋或是自覺肌膚鬆垮時才會前來尋求治療，事實上當出現上述的皮膚狀況時，你的肌膚已經邁入老化第二階段。在這個美容資訊爆炸的年代，每個人都希望外表看起來比身份證上的年齡小，對於皮膚老化我想它是一個我們早晚都會面臨的慢性病，所謂預防勝於治療，與其事後的修補，不如提早發現警訊，即早預防，延緩肌膚老化年齡。

了解肌齡變老的6個警訊

年紀小於30歲的你趕快檢查看看是否有以下這些狀況，如果有其中一種，即使你未滿25歲也表示你的皮膚已經開始啟動老化的步驟，至於30歲以上的熟女們，除非你是保養達人，不然這些狀況應該早就伴隨你一段時間了。

想讓人猜不透年齡，就得從輕熟女就開始防止老化，有以下老化的象徵時，就得從日常生活時好好保養。

❶皮膚出現小細紋，加強保濕後就會消失。
❷皮膚亮澤度比以前差，出門總要上點淡妝。
❸臉上出現了咖啡色的小斑點。
❹臉上比以前容易呈現倦容。
❺毛孔突然變大了。
❻皮膚比以前容易出現濕疹，過敏。

皮膚老化的臨床變化

皮膚自然老化的過程依據年齡的增加，在臨床上會呈現如下圖的變化，只是現在的都會生活形態充斥

著許多加速老化的外在因素，只要稍不注意皮膚就容易有未老先衰的狀況，趕緊對照看看，如果你皮膚老化的表徵走在你年齡的前頭，除了加把勁的居家保養延緩老化速度，想要真正返轉肌膚年齡，你應該還是要求助於醫學美容回春治療。

老化階段	年齡	皮膚的臨床表現
I	25~34	容易缺水乾燥、皮膚有表淺細紋 膚色黯沈沒有亮澤
II	35~44	膚色斑駁不均，皮膚缺乏彈性 黑斑、微血管增生 出現動態皺紋，如魚尾紋、皺眉紋
III	45~55	肌膚呈現鬆弛且萎縮 出現靜態紋，例如法令紋
IV	>55	皮下脂肪萎縮，肌膚呈現乾扁凹陷 嚴重皺紋，膚色蠟黃

Anti-Aging ∕
抗老抗皺保養品大剖析

「抗皺保養品怎麼選？是要擦起來很保濕的還是擦了立即會緊繃的比較好？」

「左旋C是美白產品為什麼又說它可以抗老？」

「這瓶保養品廣告號稱可以除皺，用了三瓶了，皺紋怎麼還在？」

在美容門診中，我時常被問到像上述和抗老產品相關的問題，這幾年來保養品市場跟隨著醫學美容的潮流，美白淡斑的產品不再像過去在亞洲市場獨占鰲頭，抗老抗皺保養品的市場佔有率年年上升，和美白產品幾乎已經打成平手了，儼然成了保養品界當紅炸子雞，畢竟不僅女人想要當個無齡美人，男人可是也很怕老的。

但是你知道嗎？基本上皺紋一旦出現了，單單

只是藉著保養品要除皺是不可能的，所謂「抗老」保養品的概念是在於預防和延緩皺紋的產生以及皮膚的鬆弛。這幾年來在抗老保養品中陸陸續續出現了許多新的明星級成分，例如艾地苯、胜肽、類肉毒桿菌素等，產品成份不斷地推陳出新，保養品價格卻也愈飆愈高。如何挑選一個適合自己的產品又不花冤枉錢，還是先做點功課，了解一下這些成分如何幫助肌膚延緩老化，你一定可以找到價格實在的好產品。抗老抗皺的保養成份依其作用原理可以分為以下三大類：

逆轉時光 就靠這些抗自由基成分

還記得老化的殺手——自由基嗎？以下這些成份都是經由醫學實驗證實有效的抗氧化成份，可以清除自由基以減少膠原蛋白的流失。

Q-10

輔酵素Q-10是人體產生能量不可或缺的必需物，存在於我們身體的每個細胞內，它有很強的電子轉移能力，所以是很強的抗氧化成份。隨著年齡老化，體內合成的Q-10含量會開始往下降，皮膚細胞自然也不例外，所以Q-10是你必須補充的抗氧化成份。

艾地苯 (Idebenone)

由輔酶素Q10衍生物合成轉化而來，而且分子又較Q10小，所以對肌膚的穿透力更佳，對皮膚刺激度低，是皮膚較敏感者抗老化成份中不錯的選擇。

硫鋅酸 (α — lipoic acid)

是現在唯一兼具水溶性及脂溶性的抗氧化劑，與維他命C、維他命E一起使用有加成效果。

維他命C

是水溶性抗氧化劑，不僅具美白效果，它也扮

演著抗氧化的角色，可以幫助截取過多的自由基，由於它有雙重功效，一直是許多皮膚科醫師最愛的抗老聖品，但是如果你的肌膚比較敏感，由於左旋C較刺激，使用上要特別注意。另外維他命C比較不穩定，所以產品容易氧化變色，而失去抗氧化的功效，開封後最好迅速用完。

維他命 E

是脂溶性抗氧化劑，可防止多元不飽和脂肪酸及磷脂質被氧化，故可維持細胞膜的完整性，避免自由基破壞細胞，對人體健康造成傷害。

植物品多酚類 (polyphenol)：例如綠茶(Green tea)、葡萄籽(Grape seed)、蔓越梅等

有許多植物都具有多酚抗氧化劑，常見與其他抗氧化劑，例如維他命C、E等添加於保養品中一起發揮抗氧化功效。

水嫩QQ臉，促進膠原蛋白再生成份

A酸及A酸衍生物 —— A醛、A酯、A醇

A酸是皮膚科的常用藥物，除了是剝除老舊角質的好幫手，它還可以促進膠原蛋白再生，也是除皺聖品喔！但是由於它的刺激度太大而且是醫師處方藥，所以它並不適合做為你居家的抗老保養品，抗老保養品中主要使用的成分是A酸的衍生物—A醇(retinol)、A醛(retinaldehyde)和A酯(retinyl esters)，這些成分塗抹上皮膚後，會經由皮膚中的酵素將這些A酸衍生物轉化為A酸，才能發揮抗老抗皺的效果。

維他命C

除了具備強效的抗氧化性，維他命C更扮演了穩定和合成膠原蛋白的重要角色，況且隨著老化，你皮膚中的維他命C可是會逐漸變少，所以這也是你必須強力補充的抗老成分喔！

胜肽類

胜肽類抗老產品應該是這兩三年來最熱門的抗老成份，近年來只要到主推抗老產品的秋冬季節，就可以看到許多廣告，每家保養品廠商都號稱自己的胜肽是最新的，就越能吸引你購買，但是我想在你花錢買下這瓶產品的當時，你一定還是不懂到底何謂胜肽？

所謂胜肽(peptide)，其實就是由胺基酸所組成的小分子的蛋白質，舉例說明，如果三胜肽就是由三個胺基酸組成，但是由於我們人體有二十種常見的胺基酸，所以三胜肽的排列組合就有數千種，這也就是為什麼一樣號稱六胜肽，有的是類肉毒桿菌素可放鬆皺紋，而有的確是標榜讓膠原蛋白再生。原因就是它們是不一樣的排列組合，所以是不同的六胜肽。

現在胜肽類對皮膚的作用原理主要可以分為三類，其中兩類可以幫助膠原蛋白的合成。第一類為訊號胜肽，扮演調節膠原蛋白合成的角色，可以促進膠原蛋白的再生以及抑制膠原蛋白的分解酶；第二類為載體胜肽，功用為攜帶銅離子進入皮膚，而銅離子可是抵抗老化殺手 ── 自由基的重要因子；而第三類則為神經傳導胜肽，藉著減緩神經傳導物質釋放以放鬆肌肉，進而減少皺紋，雖然是胜肽類成分，但是它並不會促進膠原蛋白再生。

看了這麼多還是不知道如何選擇胜肽類的產品嗎？沒關係，以下是選擇胜肽類保養品的三項建議：

· 包裝上的成分說明有字尾peptide的英文字。
· 胜肽作用應添加一定濃度才會有效果。
· 胺基酸越多分子也就越大，相對也就不容易被皮膚吸收。

打擊老化 ── 類肉毒桿菌素超熱門

六胜肽 (Argireline)

六胜肽(Argireline)就是所謂的類肉毒桿菌素，屬於傳導胜肽類，主要作用是干擾神經傳導物質的

釋放，讓肌肉就不至於過度收縮，進而減緩皺紋。曾經有產品業者宣稱這類商品是擦的肉毒桿菌素，Argireline這個成分的確是有文獻證實對皮膚皺紋有改善效果，但是我想它和真正施打的肉毒桿菌素相比，效果可是相差甚遠喔！

Inside & Outside /
外擦內服 肌齡讓人看不透

我認為理想的抗老抗皺產品應該兼具上述第一和第二大類的某些成份，充分的抗氧化劑足以抵抗皮膚細胞每天產生的過多自由基；而促進膠原蛋白再生的成份則可以補充你逐漸流失的膠原蛋白，這樣才可面面俱到打擊老化。選對了成份，還要提醒你保養是須要持之以恆的，千萬不要因為無法像廣告中的模特兒的效果如此神奇速效，就灰心而半途而廢，還記得十幾年前的廣告台詞嗎？「你是我高中同學嗎？」路遙知馬力，我相信這句話一定會應驗在你身上！

作好抗老保養除了了解上述保養成份的選擇法則，每天的生活習慣也扮演很重要的角色喔！規律的生活作息、均衡飲食以及多補充綠色蔬果，多運動、少煩惱等等，這些都可以以降低體內自由基的形成，增加體內抗氧化劑的產生，抗老保養要內外兼顧，才不會輕易地透露出你的年齡。

[抗老防皺篇]

15款平價好用醫美級保養品大推薦！

NEO-TEC ∕ 妮新
多元抗氧水潤菁露
7.5ml×4　NT：1800
抗氧度 ★★
抗皺度 ★★
保溼度 ★★
推薦理由：
「除了添加了A醇可以促進膠原蛋白的再生，最大的賣點為成分中有多重抗氧化成分，包括維他命C、E以及綠茶、小黃瓜等植物多酚。產品劑型為透明液狀，質地很清爽，是非常適合輕熟女的抗老保養品。但是滋潤度比較不足，如果是乾性肌膚，一定要再補充保濕霜。」

BIOPEUTIC ∕ 葆療美
5X肽抗皺緊實乳
1oz　NT：1680
抗氧度 ★
抗皺度 ★★★
保溼度 ★★
推薦理由：
「這是一款料好實在的抗老精華液，包含五種胜肽類成分，蝦紅素及維他命E抗氧化劑，持續使用可以增加肌膚彈性度、緊實度。淡淡鵝黃色乳狀質地，很好推，也很好吸收。」

選擇抗老精華液最重要的是產品內抗老成分是否料真價實，清除老化殺手——自由基的抗氧化成分是輕熟女最適合的抗老產品；而熟齡肌除了要有抗氧化成分，產品中最好有添加胜肽類或是A酸衍生物—A醛、A酯、A醇，它們可以刺激膠原蛋白再生，預防皺紋提早報到。

KIEHL'S /
高效胜肽緊實精華
50ml　NT：2430
抗氧度 ★
抗皺度 ★★
保溼度 ★★★
推薦理由：
「抗老主成分為胜肽類，另外還包括大豆蛋白、維他命E、植物多酚抗氧化劑。白色乳狀質地，擦起來觸感細緻，不會黏膩，使用後肌膚的保濕度也很好。」

theraderm / 臻水
多肽活顏緊緻精華
30ml　NT：4000
抗氧度 ★
抗皺度 ★★
保溼度 ★★★
推薦理由：
「透明凝膠狀質地，含豐富的保濕成分，使用後皮膚會水水的，保濕度明顯提升。抗老主要成分包括五胜肽、大豆蛋白、植物萃取多酚。」

BIOPEUTIC / 葆療美
艾地苯淨白青春露
0.25oz　NT：780
0.5oz　NT：1280
2oz　NT：2980
抗氧度 ★★★
抗皺度 ★★
保溼度 ★★★
推薦理由：
「如同品名，添加了艾地苯、Q10、蝦紅素、維他命C、E等強效抗氧化成分，是一款成分實在的抗老精華液。成分中還添加了A醇可以促進膠原蛋白的新生，預防皺紋生成。劑型為透明液體，油脂般滑滑的觸感，擦起來滋潤度不錯，但是不會油膩，很快就會被皮膚吸收。適合中性、乾性肌膚使用。」

抗老防皺／乳液、乳霜

LA ROCHE-POSAY ／ 理膚寶水
瑞得美抗老除紋緊實精華
40ml NT：1850

抗氧度 ★★
抗皺度 ★
滋潤度 ★★

推薦理由：

「白色水乳狀質地，主成分為5%的左旋維他命C，可以促進膠原蛋白合成，另外還添加了專利植物配方、維他命E、玻尿酸，擦起來保濕度不錯，迅速滲透肌膚，但是滋潤度稍嫌不足。」

Perricone MD ／ 裴禮康
硫辛酸高效修復乳霜
2oz NT：4380

抗氧度 ★★
抗皺度 ★
滋潤度 ★★

推薦理由：

「如同品名，這瓶抗老乳霜的明星成分是抗氧化劑硫辛酸，另外還添加了A醇，可以幫助淡化細紋。白色乳狀質地，擦完肌膚變得很細緻，保濕度很好。」

好用的抗老乳霜評分標準除了要列入抗老成分，產品的滋潤度也非常重要，因為需要使用抗老乳霜的應該會是在秋冬季節的中、乾性熟齡肌，抗老乳霜中的抗老成分雖然會比抗老精華液中的濃度低，但是多了許多保濕成分，對於想要簡易抗老保養的人是不錯的選擇。至於膚質適合抗老液的中、油性輕熟女，由於乳液清爽的質地和精華液類似，但是抗老成分的濃度又比精華液低，我建議購買抗老精華液比較划算喔！

SK-II ／
煥能全效活膚霜
80g NT：3800

抗氧度 ★★
抗皺度 ★
滋潤度 ★★★

推薦理由：

「主成分為pitera、植物多酚、菸鹼醯胺，產品為白色水乳狀質地，這款乳霜很容易被肌膚吸收，擦完後保濕度明顯提升，肌膚摸起來也變得光滑細緻。」

VICHY ／ 薇姿
彈力肽緊實抗皺霜
50ml NT：1600

抗氧度 ★
抗皺度 ★★
滋潤度 ★★

推薦理由：

「呈白色乳狀，雖然有含油脂類保濕成分，但是不會黏膩，好推、好吸收。抗老成分含有維他命C醣苷、雙胜肽，可以增加肌膚彈性。」

FORTE ／
經典風華回齡霜
50ml NT：5800

抗氧度 ★★
抗皺度 ★★★
滋潤度 ★★★

推薦理由：

「抗老成分非常豐富的乳霜，比起精華液一點都不遜色，包含多種胜肽、Q-10，維他命E。產品滋潤度很夠，白色乳狀質地，觸感很細緻，帶點淡淡的香味。」

抗老防皺 / 眼部保養品

眼周肌膚是全身皮膚最薄，也是最早會出現小細紋的的地方，不認真保養可是很容易透露出你的年齡，所以我建議二十五歲就可以開始使用抗老的眼部保養品。但是產品劑型應該隨著年齡膚質而有所區分，如果你是輕熟女或是油性肌，質地清爽的眼膠會比較適合；如果你是熟齡肌或是乾性肌，那當然就要選擇滋潤型的眼霜囉！

NEO-TEC ／ 妮新
多元眼部菁萃
10ml　NT：1500
保溼度 ★★
清爽度 ★★
抗氧度 ★★★
抗皺度 ★
推薦理由：
「主成分為強效抗氧化劑15%的左旋維他命C以及茶多酚，可以預防眼周肌膚老化。產品保濕度夠，為白色乳狀質地，另外值得一提的是還添加了麴酸美白成分，所以也適合色素型黑眼圈的人使用。」

BIOPEUTIC ／ 葆療美
多肽舒醒眼霜
0.25oz　NT：1080
0.5oz　NT：1980
保溼度 ★★
清爽度 ★★
抗氧度 ★
抗皺度 ★★★
推薦理由：
「這瓶眼霜除了含有胜肽、Q-10，維他命E抗老明星成分，最特別的是還有添加鞣花酸、傳明酸有效美白成分。擠出來為白色乳狀質地，觸感細緻，保濕度也很足，是一款兼具抗老、美白的眼部保養品。」

Perricone MD ／ 裴禮康
酯化C精純液+高效E
0.5oz　NT：2380
保溼度 ★★
清爽度 ★
抗氧度 ★★★
抗皺度 ★
推薦理由：
「看名稱就知道成分的眼部保養品，主要成分為20%的酯化C加上維他命E，強力抗氧化成分。液狀質地，擦起來像油脂滑滑的感覺，但是一點也不會油膩，觸感很舒服，很快就被皮膚吸收。」

FORTE ／
胜肽緊緻眼霜
20ml　NT：2200
保溼度 ★★
清爽度 ★★
抗氧度 ★
抗皺度 ★★★
推薦理由：
「以明星抗老成分胜肽類為主打的眼霜，所添加玻尿酸、海藻萃取等保濕成分也很足夠，產品質地很細緻，為白色乳狀，擦完後眼周肌膚飽水度、光澤度提升。另外還添加了咖啡因，可以促進眼周血液循環，對於眼睛浮腫的泡泡眼有改善效果。」

theraderm ／ 臻水
亮采緊緻眼膠
15ml　NT：2400
保溼度 ★★
清爽度 ★★★
抗氧度 ★
抗皺度 ★★
推薦理由：
「凝膠狀劑型，擦起來很清爽，但是保濕度也不差。抗老成分包括含多種胜肽，小黃瓜萃取、酵母萃取，可以增加眼周肌膚的彈性、緊緻度。另外還含有維他命K，可以改善眼周肌膚的暗沉。」

PART／06

全方位美人的
BODY保養對策

美的沒破綻！小細節就在身體保養的真功夫！

零瑕疵！不能忽略的身體保養

「醫師，我的背上長了好多痘痘、粉刺，有什麼可以快速去除？」

「醫師，我的手肘和膝蓋太黑了，怎麼美白？」

「醫師，我的腳底硬皮好厚，穿涼鞋好難看，有什麼方法可以改善？」

每當春暖花開之際，隨著天氣越來越熱，大家身上的衣物越穿越少，身體露出的部位越來越多，門診中遇到各式各樣有關身體保養的問題也就越來越多。美麗絕對不只侷限於臉蛋，要作為一個全方位美人，別忽略了身體的保養，看不見的地方更要保養，一年四季，不分春夏秋冬，照顧身體的肌膚要像臉部肌膚一樣細心呵護，千萬不可臨時抱佛腳，到了穿露背裝、夾腳拖的季節才病急亂投醫喔！

選對保濕乳液 — 吃補無負擔

身體肌膚相較於臉部肌膚皮脂腺分泌比較少，所以比較不用擔心擦太油會產生粉刺、痘痘等問題肌膚，但是保濕產品的選擇還是要依季節不同而轉換，在悶熱的夏天，不分膚質屬性，清爽的保濕乳液應該可以滿足大部份的健康性肌膚，太滋潤的產品反而容易產生黏膩感，而乾燥的冬天，當然以偏油性的乳霜、油脂為佳囉。

如果你是屬於油性肌，做好身體保濕的同時，別忘了前胸、後背的去角質保養，因為前胸、後背可是粉刺、痘痘的好發處，所以在夏天，保濕乳液只要擦在四肢即可；如果你是屬於乾性肌，由於小腿的皮脂腺是全身皮膚含量最少的，所以在冬天常見的冬季濕疹，最容易從小腿開始發作，所以一定要特別加強小腿肌膚的保濕喔！

定期去角質 ─ SHOW出滑嫩肌

身體肌膚角質層較厚，不像臉部肌膚比較敏感脆弱，不適合使用在臉上的磨砂顆粒是身體去角質方式的好方式，不過市面上這樣的產品百百種，該怎麼選擇呢？

事實上，身體的去角質保養我強烈建議可以選用含顆粒的沐浴用品喔！因為沐浴中身體淋濕時才進行去角質，可以降低顆粒和皮膚間的摩擦力，避免不必要的肌膚傷害。如果你只單以顆粒狀物質來去角質，那可是很容易傷害皮膚喔！

至於顆粒的選擇則以部位來區分，手臂內側、大腿內側皮膚細緻，選擇小顆粒的產品小力搓揉即可，膝蓋、手肘皮膚粗糙可以使用大顆粒大力點搓；而身體去角質的方向，則是沿著重力的反方向逐漸搓揉、按摩，例如下肢就是由腳趾往上按摩；去角質的週期夏天建議一週可以進行一次，冬天兩週一次即可，再次提醒你，不要過度去角質，正常的角質細胞可是你肌膚的儲水槽。

當然，使用酸類保養品也是身體去角質的另一種選擇，效果當然也是一級棒，只是小小一瓶酸類保養品，要塗抹全身，很快就會用完，你花在身體保養的費用會比較高。想讓身體的每一吋肌膚看起來明亮、光滑、有彈性，別忘了汰舊換新，養成定期去角質的好習慣，去角質後，更別忘了擦上你的保濕品。

變迷人！保養沒死角 一身好膚質

別讓頸部肌膚洩露了你的年齡

要知道一個女人的真實年齡，看脖子最準，這句話真是一語道破了女性在保養上的漏洞。事實上，頸部扮演支撐頭部的重要角色，所以頸部的負擔相當重，須趁早保養，以保持頸部的完美，別讓歲月在頸部留下痕跡。關於頸部的保養大原則，基本上和臉部肌膚相似。

但是相對於臉部肌膚，由於頸部的肌膚較薄、皮脂腺較少，較容易產生皺紋，所以產品的選擇以滋潤性佳的抗老頸霜為首選。但是如果你沒有多餘的預算，不想額外購買頸部專用乳液，亦可使用臉部的保濕、抗皺乳液，在擦臉部的同時也擦頸部，擦拭時雙手要由下往上，手指稍稍用力往上提拉頸部中間鬆弛的肌肉區域。另外，別忘了頸部也是時常露在紫外線下的部位，擦防曬乳液時，頸部也要順便抹一下，才不會作好臉部防曬，卻忽略了頸部，久而久之產生自然色差！

頸部保養是日積月累的成果，為了不讓頸部透露出你的年齡，平日的保養可是一點也不能忽視喔！一旦頸部產生了皺紋，要消除紋路恢復到原來的狀態光靠擦保養品可是不夠的，此時就需要藉助醫學美容，例如飛梭雷射、電波拉皮等治療來達到抗老除皺的功效。

跟大象肘和黯沉膝蓋說掰掰

手肘和膝蓋由於位於身體的關節處，皮膚呈現多重皺摺，因此皮膚的角質層較厚，相較之下外表看起來的皮膚會比較黑、比較粗糙，稍一不注意保養，往

往往容易是一雙美腿、美手的敗筆。除了上述的身體保養對策，對於手肘和膝蓋，你必須加強的保養重點是定期去角質，每天洗澡後不妨先塗抹美白精華液，再擦上油脂成份多的保濕乳霜，你就可以跟大象肘和黯沉膝蓋說掰掰！

擁有粉嫩嫩的雙手不是夢

　　手部的皮膚是最容易接觸水和清潔劑的肌膚，想要擁有纖纖玉手，作家事時，別忘了帶手套，以避免直接接觸清潔劑，它可是會逐漸破壞皮膚天然的保護層－皮脂膜，另外，一定要隨身攜帶護手霜，洗完手後，趕緊塗抹護手霜。

　　選擇護手霜也是有學問的，市面上常見的護手霜依成份分為三大類：第一類就是外觀白色乳狀的水＋油保濕乳霜，就像基本型的保濕乳霜，第二類是偏半透明，主要內含油脂成份像凡士林、蜜蠟等的膏狀物，第三類則是有添加矽與軟磷脂成份，洗過手後，仍然可以維持保護效果的產品，這三類的防水力是3>2>1，我強烈建議第三類的產品是保護雙手的首選，所以購買產品時仔細看看成份表上有沒有矽(Silicone)吧！

腳底和腳跟 粗躁止步

　　對於腳底和腳跟的加強保養，一週要進行一次的去角質保養，最好的去角質時機就是利用洗澡時將雙腳泡水，待硬皮軟化後，使用大顆粒的磨砂產品、浮石或刷子溫和的磨掉厚皮，洗澡後三分鐘內再趕緊塗抹油脂成份高的保濕乳霜或油脂，但是如果已有龜裂的傷口，則要塗抹油性的抗生素藥膏，以幫助傷口癒合，避免細菌感染。

身體部分／ **手、足部乳霜**

LA ROCHE-POSAY／理膚寶水

潤膚護手霜

75ml　NT：400

保溼度 ★★

滋潤度 ★★

持久度 ★★

推薦理由：

「這款護手霜為白色乳狀質地，不油不膩，好推好吸收，保濕性佳，擦完後手部肌膚有水水、滑滑的感覺。」

KIEHL'S／

極效潤澤護手霜

75ml　NT：500　150ml　NT：810

保溼度 ★★

滋潤度 ★★★

持久度 ★

推薦理由：

「添加多種植物性油脂，保濕成分豐富，這款護手霜對於乾燥的手部肌膚不僅能吸水增加肌膚保濕度，更能潤澤肌膚增加滋潤度。」

手部肌膚由於常常會接觸清潔劑和水，皮脂膜很容易受損，造成肌膚乾裂、破損，嚴重還會造成手部濕疹，所以可別輕忽手部保養。選擇護手霜不僅要同時兼顧保濕度和滋潤度，擦了之後形成的保濕護膜可以維持的時間越久越好。至於足部保養，我建議你也可以使用護手霜來潤澤足部肌膚，不過和手部保養最大的不同在於，由於腳底有厚厚的角質，只有保濕保養可是不夠的，每周一定要定期去除老舊角質，保濕成分才能充分吸收。

Avène／雅漾
雅漾護手霜
75ml　NT：420
保溼度 ★★
滋潤度 ★★
持久度 ★★★
推薦理由：
「滋潤度很足的護手霜，保濕成分滲透迅速，擦完後肌膚感覺好像形成一層保護膜，阻止水份流失，持久性佳。」

A-DERMA／艾芙美
燕麥護手霜
50ml　NT：375
保溼度 ★★★
滋潤度 ★
持久度 ★
推薦理由：
「添加專利燕萃取、甘油、鯨酯醇保濕成分，擦起來保濕度夠，但滋潤度稍嫌不足，適合怕黏膩感的人使用。」

身體保養 / 乳液(乳霜)

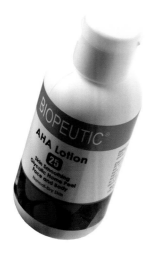

BIOPEUTIC / 葆療美
果酸乳液25

120ml　NT：1180

保溼度 ★
滋潤度 ★
吸收度 ★★★

推薦理由：

「添加了一些保濕劑的果酸乳液，以25%甘醇酸為主成分，產品主要的目的不是保濕，是幫助角質代謝更新，可作為油性肌的身體乳液或是中、乾性肌的定期去角質保養品。值得一提的是成分中還添加了傳明酸、甘草萃取美白成分。」

CLINIQUE / 倩碧
溫潤身體保濕乳

400ml　NT：1200

保溼度 ★★
滋潤度 ★★
吸收度 ★★★

推薦理由：

「質地為淡黃色乳液狀，保濕成分豐富，產品觸感細緻，滲透性佳，不油膩，擦完後可以迅速補充肌膚水分，飽水感提升。成分中添加了維他命C、E以及植物多酚抗氧化劑，非常適合輕熟女的身體乳。」

LA ROCHE-POSAY / 理膚寶水
理必佳異味修護滋養霜

200ml　NT：950

保溼度 ★★★
滋潤度 ★★★
吸收度 ★★

推薦理由：

「產品的保濕度和滋潤度都很好，專為敏感性、異位性膚質設計的保濕乳霜，溫和不刺激，適合秋冬的身體保濕或極乾性肌膚使用。」

最簡易的身體保養的就是保濕，原理基本上和臉部保養是一樣的，不同的是身體的皮脂腺分泌比較少，所以身體的保濕品可以比臉部滋潤一些喔。另外，身體的肌膚由於衣服遮蔽的關係，接受紫外線傷害的機會比臉少，但是肌膚還是會老化的，如果你已邁入輕熟女，只有基本保濕是不夠的，我建議你應該購買有添加抗氧化劑的保濕品。

SAINT-GERVAIS ／ 聖泉薇
身臉滋養霜
150ml　NT：880
保溼度 ★★
滋潤度 ★★
吸收度 ★★★
推薦理由：
「基本款保濕品，白色乳霜狀質地，但是一點也不會黏膩，好推、好吸收，除了保濕成分，還添加了甘草酸，幫助舒緩修復乾燥性肌膚。」

KIEHL'S ／
俄羅斯頂級皇家身體乳霜
240g　NT：1800
保溼度 ★★
滋潤度 ★★★
吸收度 ★★
推薦理由：
「黃橙色乳霜固狀質地，滋潤度很夠的身體乳，但是擦起來不會油膩，產品中除了濕潤劑和油脂類保濕成分，還添加了含有抗氧化效果的植物成分，是一款有抗老概念的身體保養品。」

極 致 美 肌
第 二 講 堂

Lesson／2
to
Beautiful Skin

PART ╱ 01

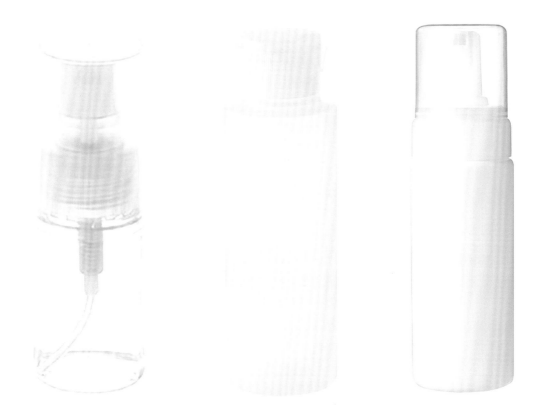

體驗微整型的神奇魔力

「進化系的美容利器」！
最熱門的美肌智能保養方法！
15分鐘輕鬆換張無瑕美肌！

明星愛、趨勢熱、新技術

瞬間變身陶瓷美肌

「什麼？沒聽過微整型！」那我想你一定不是個愛美達人。因為這三四年來在醫學美容界的確颳起了一陣「微整型旋風」。如果現在要對「微整型」下個定義，我想所謂「微整型」這個名詞已經從最早出現時，單單只代表了注射玻尿酸等填充物，到現在我們可以廣泛地定義它為讓我們自己變美、變年輕的任何非侵入性、非開刀性的醫學美容治療。

這幾年來隨著美容儀器的日新月異，以及在新聞媒體的推波助瀾下，現在來醫學美容門診中求診的病患們所要的相對比以前多更多，不再只是單純的想除斑、要美白或消除魚尾紋等單一肌膚問題，大部分他們所訴求的是整體膚質和膚況的全方位改善。比較現在和過去最大的不同，在於病人心中所謂的「好皮膚」，不再只是白就好、還要白的均勻透亮；不僅要沒有斑點、膚色更不可蠟黃；皮膚表面除了沒有突起的違章建築、膚質更要光滑細緻、不見毛孔；不只沒有皺紋、皮膚更要緊緻有彈性。所以當然囉，如果你符合了上述要點，那你就擁有令人稱羨的好肌膚喔！

我想也許有些姊妹們會覺得要達到上述的標準是有點嚴苛。的確要擁有和維持這樣的好肌膚不是一件簡單的事，但可別忘了，天下只有懶女人沒有醜女人，你的美麗是需要認真的保養和維持的。不可避免的我們每個人都無法抗衡歲月的流逝，一定都會經歷老化的過程。以前抗老保養的觀念總是覺得只要能延緩老化，可以老的比別人慢，那你就是保養達人，現在的抗老概念不單單只是要老的比別人慢，藉著微整型你可以返轉你的肌膚年齡，讓你越活越年輕，這也就是微整型的魅力所在。

保養品達不到的效果

在歷經了前年的金融海嘯後，這一年多來我的美容門診中前來求診的病人不減反增，在和病人聊天的過程中我可以知道有些病人只是單純的就是要美麗要年輕，有些則是希望能借助微整型找到更好的工作或升遷。前陣子我看到一則網路新聞下了這樣的標題「長相美或醜，薪水相差14％」，我想這些都可以說明為什麼現在「微整型當道」的原因。

定期微整型，返轉肌膚年齡，保養成份吸收百分百

「保養品越買越貴，從黃金級換成白金級再進化到鑽石級，皮膚還是很暗沉沒有光澤……」

「年輕時隨便擦任何的保養品都很好吸收，現在東抹西抹抹一大堆，好像都吸收不了……」

在美容中心的門診中我時常可以聽到病人這樣的抱怨，而前來諮詢如何抗老回春。在全球老化人口日益增加的趨勢下，如何「活得健康、年輕、美麗」才是大家相當關心的課題。老化性肌膚相較於年輕肌膚，皮膚變化包括膠原蛋白的流失、老舊角質的增厚、代謝速度的變慢、微循環的變差等，這些老化現象也正是造成保養成份的吸收力下降的主因。

Do you need Mini-invasive Aesthetic Surgery?／
你需要做微整型嗎？

拜科技之賜，抗老回春醫學美容的各領域已漸漸由「微創」或「非侵入性」治療取代傳統手術。在這樣的趨勢下，皮膚醫學美容市場不斷地推陳出新，近兩三年來，每隔一陣子就會有新的回春儀器，但是，面對琳瑯滿目的回春儀器，相信大多數人都不知如何選擇，往往隨著媒體炒作，一段時間一窩蜂地推崇某一種微整型，但是卻不見得是最適合自己的，想作一個抗老達人，第一步就是要瞭解肌膚的老化狀況，不妨依據下表作個小測驗：請依你的實際年齡和膚況評

分，每個項目分別列計為1分、2分、3分、4分，將每項相加後得到的總分，對照治療對策表，即能了解你需要的醫美治療。

▼ 老化程度小測驗

	實際年齡	皺紋程度	鬆弛程度	曬斑、老人斑
1分	20~29	●臉上無皺紋 但有輕微細紋	●眼形沒有改變 ●無眼皮下垂	●無斑點 ●膚色暗沉
2分	30~39	●出現動態表情紋 例如魚尾紋、抬頭紋	●眼皮有點下垂 ●雙眼皮皺褶變得不明顯 ●出現輕微淚溝	●出現曬斑 ●膚色不均
3分	40~49	●出現靜態表情紋 例如法令紋、皺眉紋	●眼皮眼尾下垂、出現三角眼 ●出現輕微眼袋 ●淚溝明顯凹陷、即使睡得很 飽，外表看起來永遠一臉倦 容 ●下顎曲線模糊、 看不到下顎筆直線條	●出現老人斑 ●膚色臘黃
4分	>50	●臉上大部份都是皺紋	●出現明顯眼袋 ●臉頰下垂鬆弛 下顎曲線凹凹突突	●臉上很多老 人斑

▼ 治療對策表

總分	肌膚年齡	肌膚狀態	治療對策
4~6分	<25	緊實彈性肌	●定期果酸換膚以剔除老舊角質， 加速保養成份吸收 ●確實作好保濕、防曬動作， 即可延緩老化提早到來
7~9分	25~34	動態表情肌	●定期施打肉毒桿菌素，以消除動態表情紋 ●接受脈衝光、淨膚雷射等淺層回春治療，以 促進膠原蛋白再生、恢復肌膚緊實度，進而 減緩動態皺紋
10~12分	35~44	靜態表情肌	●定期施打玻尿酸以消除靜態表情紋與改善皮 膚凹陷 ●注射肉毒桿菌素以減緩臉部下拉肌肉收縮， 達到全臉拉提、緊實，重現完美下顎曲線 ●接受飛梭雷射、光波拉皮等中層回春治療以 促進膠原蛋白再生、恢復肌膚緊實度，進而 減緩靜態皺紋

13～16分	>45	鬆弛問題肌	●接受電波拉皮治療促進膠原蛋白再生、再塑以達到全面緊實拉提 ●接受多次飛梭雷射治療以刺激膠原蛋白再生、恢復肌膚緊實度

找出你的肌膚年齡了嗎？ 如果你的肌齡比你實際年齡少，恭喜你，你應該是一個保養達人，不然就是你得天獨厚的基因密碼讓你老的比別人慢。但是如果你的肌齡比你實際年齡多，那也別氣餒，在這個美容醫學知識發達的年代，從現在起急起直追，只要用對方法亡羊補牢，為時「不」晚。

Before Mini-invasive Aesthetic Surgery?／
想去做微整型之前…

「醫師，打肉毒桿菌素好像很危險喔！ 電視上常看到有些明星說他們打失敗的例子！」

「我的美容師說我的皮膚已經很薄了，再做雷射會不會越打越薄？」

「接受微整型治療後會不會看起來很不自然？」

我想有方法可以變美，只要是愛美的人一定都會心動，但是如何美的健康、美的自然卻也是大家非常關心的課題，上述的問題都是我常常在門診中會聽到的諮詢，這些錯誤的的訊息的確讓許多姊妹們對微整型心動了但卻裹足不前，我想微整型是絕對安全的，如果你下定決心想來個大改造，再接受微整型前可別偷懶喔！自己一定要先做點小功課，問診時別忘了跟你的醫師好好溝通，確定自己想改善的肌膚問題和可以接受的修復期以及治療費用，請醫師建議專屬於你的療程，才能愉悅的體驗微整型的神奇魔力！

以下我們會針對市場上的比較熱門的微整型治療，就臨床上的適應症以及優缺點、修復期加以一一剖析，相信對微整型心動的你一定可以卸下心防，找到適合自己又安全的治療。

PART／02

熱門10大雷射美容大解析

大解析

十大醫美儀器還我亮麗好肌膚！

1) 鉺雅鉻雷射：痘疤、黑痣的剋星

俗稱磨皮雷射，撫平肌膚的違章建築

不可不知！關於鉺雅鉻雷射……

波長2940nm的鉺雅鉻雷射是一種汽化性雷射，藉著對水份的良好吸收性，它可以汽化掉想要去除的皮膚組織，所以鉺雅鉻雷射是對抗黑色素痣、老人斑、汗管瘤、皮脂腺增生等皮膚上的違章建築的最佳武器。這是我接受過的雷射治療中的人生初體驗，我臉上的痣就是靠這台儀器去除的，十一年前一進入皮膚科這個領域，一發現這個除痣的好幫手，再加上臉上的幾顆痣總讓我覺得礙眼，二話不說我就拜託同事幫我打掉了！基本上鉺雅鉻雷射是屬於比較不痛的雷射，只要術前塗點麻醉劑，治療中就不會有疼痛感了，不過要提醒你的是治療中鉺雷射的聲音吵了點，治療前先做好心理準備，可別被吵雜的聲音嚇到了！

除了上述用途，它也可以治療凹陷性的痘疤喔。在醫美市場尚未出現飛梭雷射前，它可是痘疤的唯一剋星喔！它主要是藉著剋除痘疤上的表皮和部分真皮，先進行破壞，緊接著皮膚會展開傷口的癒合過程，重新建設和分泌新的膠原蛋白和表皮，進而達到凹洞變淺，這也就是俗稱的磨皮雷射。每一次的磨皮治療對於凹洞的改善幅度大約20%-30%，所以想要有滿意的結果，一般最好接受二至三次的治療，每次的治療間隔大約六個月，要接受下一次的治療則一定要術後紅腫全部消退才可以再進行。

> 「只要有點耐性，去除痘疤就會有滿意的效果！」

建議施打的對象

❶「痣」多星一族。

❷有許多老人斑、皮脂腺增生或汗管瘤等臉上違章建築。

❸臉上坑坑洞洞的「痘疤族」。

術後小叮嚀

鉺雅鉻雷射是汽化性雷射，治療後都會有破皮傷口，一般術後皆需用人工皮覆蓋，大約前三天傷口的分泌物會比較多，比較需要勤換人工皮，之後一天只要早晚兩次更換即可，一般術後約需貼七天，之後新的表皮就會癒合。在此提醒姊妹們可別看著新表皮長好後就以為術後保養結束了，別忘了不貼人工皮後可是要加強肌膚防曬保養，好好保護新生的皮膚組織。

532-nm Nd : YAG Laser

2) 鈒雅鉻雷射：擊退討人厭的曬斑

打造零瑕疵的美肌，快速透亮的首選

不可不知！關於鈒雅鉻雷射……

鈒雅鉻雷射屬於色素斑雷射，一般鈒雅鉻雷射的機種有兩種波長，一個為短波長532nm，一個為長波長1064nm，其中短波長532nm對於黑色素有良好的吸收性，所以是位於表皮層的雀斑、曬斑首選。使用雷射的除斑效果雖然比較快速，但是也因為瞬間打在皮膚上的能量較強，所以剛作完雷射時皮膚會覺得熱熱的，像曬傷的感覺，冰敷30分鐘後燒灼感就會消除。

「想要白皙、透亮的無斑點美肌，就靠它了！」

建議施打對象

❶ 皮膚底色白皙透亮，但臉上散佈許多似小芝麻點的雀斑。

❷ 臉上已有曬斑，但不想拖拖拉拉，想快速徹底清除者。

❸ 呈現棕色斑塊的咖啡牛奶斑。

術後小叮嚀

如果你已經決定要接受鈒雅鉻雷射治療，那你可得做好會醜七天的心理準備喔！雷射治療後只有當天臉上會紅腫，隔天則會在原本的斑點處呈現更黑的結

痂點，治療第五天後，這些結痂就會逐漸剝落，大約在第七天結痂就完全會掉光，就可以還你一張淨白的臉龐。這時開心之餘，可別輕忽紫外線的殺傷力！一定要開始嚴謹的做好防曬保護動作！

其中這七天的恢復期你是可以正常洗臉的，但是可是要比平常更溫柔一點對待你的臉，請小力清洗，別太用力搓揉，以避免痂皮太早剝落。

Ruby Laser ╱
3）紅寶石雷射：胎記、黑斑通通說bye bye！

除顴骨母斑、太田母斑首選
不可不知！關於紅寶石雷射……

紅寶石雷射的波長為694nm，對於黑色素也有良好的吸收性，所以也是一種色素斑雷射，相較波長532nm的銣雅鉻雷射，它可以達到皮膚的較深處，所以紅寶石雷射是位於真皮層的顴骨母斑、太田母斑的首選機種。相似銣雅鉻雷射，紅寶石雷射破壞黑色素細胞時的瞬間能量也較強，所以術後也會有灼熱感，冰敷後就會緩解。

「深入真皮層的斑點和胎記，需要4-6次才能根除，要有毅力才行！」

建議施打對象
❶ 二十歲後於兩側顴骨逐漸浮現深褐色顴骨母斑。
❷ 孩童時期開始出現的藍黑色胎記——太田母斑。
❸ 臉上的雀斑、曬斑亦可使用紅寶石雷射去除。

術後小叮嚀
如同銣雅鉻雷射，使用紅寶石雷射除斑，你也要做好會醜七天的心理準備喔！術後的修復照顧和銣雅鉻雷射大致一樣，治療後只有當天臉上會紅腫，隔天就會在原本的斑點處呈現更黑的結痂點，大約七天後結痂就完全會掉光。唯一不同要提醒你的是，使用紅寶石雷射去除顴骨母斑、太田母斑，結痂掉光後不

會立即呈現白晰無暇的臉龐，皮膚上還有的褐色印記是殘留的母斑，此時可不要心急，以為是術後的返黑喔！一般去除這些深層的真皮層斑需要四至六次的治療，想要根除惱人的母斑可是要恆心和毅力的。

1064-nm Nd : YAG Laser

4) 淨膚雷射：美白、緊縮毛孔好行！

超熱門的白瓷娃娃、美白雷射就是它

不可不知！關於淨膚雷射……

基本上淨膚雷射是一種「商業名詞」，也有人稱它為「白瓷娃娃」，現在也是「美白雷射」的最佳代言人。學理上它使用的機種是長波長1064nm的鉫雅鉻雷射，採取低能量來溫和處理肌膚問題，它對於黑色素雖然不像短波長的532nm鉫雅鉻雷射和紅寶石雷射有極佳吸收性，但是也有一定的吸收性，再加上長波長的特性，所以並不會劇烈的破壞黑色素細胞，只會溫和的擊碎黑色素顆粒，是皮膚深層的色素沉澱和肝斑最佳殺手。

除了淨白膚色的功效，它還可以縮小毛孔，每當天氣轉熱，看著我的毛孔逐漸放大，我就一定要來淨膚一下，說它是毛孔粗大的終結者一點也不為過，當然淨膚雷射也是我夏天最愛的醫美治療。淨膚雷射之所以對毛孔縮小有效，它主要的作用機轉是藉著1064nm的鉫雅鉻雷射光療造成皮膚的真皮層輕微損傷，進而產生熱效應以刺激膠原蛋白新生，改善粗糙的皮膚表面紋理。同時熱效應也會導致皮脂腺萎縮、皮脂分泌變少，油分泌變少，毛孔自然就縮小了！

建議施打的對象

❶ 毛孔粗大的油性肌。

❷ 皮膚老舊角質堆積的粗糙紋理肌。

❸ 膚色不均的蠟黃肌。

「靠近一點，沒關係！連毛孔都淨白了！是我平常維持好膚質的秘密武器！」

❹痘痘殘留的色素沉澱痘疤肌。

❺臉上難以根治的肝斑。

術後小叮嚀

淨膚雷射屬於非剝離性的回春雷射，這類雷射的最大特點在於表皮沒有任何受損，屬於非侵入性的治療，所以表皮不會有任何傷口、不會返黑，可快速回復上妝、上班，不需要修復期，而且價錢相對便宜，所以現在是醫美市場的主流，但是要提醒愛美的你，這類雷射回春的效果很容意易因為雷射機台以及醫師操作經驗而有極大的變異性，所以作治療前不妨先做做功課，確定你接受的雷射機種和預期可以達到的治療效果。淨膚雷射術後當天皮膚會呈現紅腫，隔天一覺醒來就會消退，但是如果你有需要特別加強處理的肌膚問題，例如毛孔粗大或色素沉著，術後皮膚就會有輕微的小出血點或輕結痂，大概三至五就會全部消失，此時不妨善用一下遮瑕膏，就不會影響你的上班喔，由於既可美白又可縮毛孔，所以它現在可是輕熟女最愛的回春雷射美容！

Intense Pulse Light
5) 脈衝光：除斑加回春、一舉兩得！

淡斑、緊緻，幫肌膚拋光、恢復彈力

不可不知！關於脈衝光⋯⋯

脈衝光相對於傳統雷射，並不是單一波長的光束，而是一大塊區段的連續波長，當照射於皮膚上，皮膚上因老化造成的違章建築，包括淺層黑斑或血管擴張等會自行選擇吸收範圍內的波長，而達到淡斑、去斑、微血管消失的效果；同時它也會刺激真皮層的膠原蛋白增生，使得皮膚變為較平滑和細緻，進而淡化表淺細紋。就因為一舉數得的功效讓脈衝光成了回春美容療程的入門機種，我想曾經接受過醫美療程的姐姐妹妹們，沒做過脈衝光的比例絕對少之又少。

「最不痛的
醫美回春療程。」

　　基本上我覺得它是最不痛的醫美回春治療，因為治療前你的臉上會先塗上一層冰冰涼涼的緩衝劑，它可以舒緩治療中的灼熱感，所以治療時只會有一點點像橡皮筋彈在臉上的感覺喔，不過由於脈衝光的光亮度很強，即使已經做好眼睛的保護措施，每擊發一次還是會覺得好像閃光燈在你眼前閃了一下，所以如果是第一次接受脈衝光的病人，可是常常會被亮光嚇到，不過有了幾次的經驗後可就見怪不怪了。

建議施打的對象

❶臉有雀斑、曬斑、怕痛，可接受分次治療者。

❷色素不均的色素沉澱肌。

❸臉上難以根治的肝斑。

❹臉上容易泛紅的微血管擴張肌。

術後小叮嚀

　　從脈衝光又稱為「午休間雷射」，你應該就可以知道脈衝光幾乎沒有修復期，因為它是一大段區域的連續波長，所以它對於每一種皮膚病兆都沒有專一性，自然就不像雷射會強烈的破壞肌膚的色素斑或血管，它只會部分破壞，術後只會有輕結痂，不會像色素斑雷射術後有明顯的結痂，對於想淡斑美白又沒法休假的OL是除斑的首選，不過在此可要提醒姊妹們，使用脈衝光除斑需要多次的治療，如果你比較想快刀斬亂麻，一次永絕後患，那色素斑雷射還是你的首選喔！

Fraxel Laser

6) 飛梭雷射：醫美當紅炸子雞！

痘疤、皺紋、毛孔粗大、頸紋，這一台都能解決！

不可不知！關於飛梭雷射……

「能同時改善多重問題，做一次就有明顯成效，難怪是熟女的最愛。」

「分段性」雷射是雷射醫學這三年來的新突破，最有名的「分段性」雷射就是波長1550nm的「二代飛梭雷射」(Fraxel SR1500)，它和傳統的雷射作用原理完全不同，它利用的是分段性光熱分解效應(fractional photothermolysis)原理，所謂「分段性」說成白話就是每次只破壞部分的皮膚組織，藉著多次治療，以達到類似汽化性磨皮雷射的效果。學理上，飛梭雷射主要是利用雷射能量在每一平方公分的皮膚上造成1000~2000個直徑約為0.1毫米(mm)的微小洞，小洞的深度依據能量選擇的高低，範圍可從350至1400微米(nm)不等，也就是可以從表皮達到深層的真皮層。而小洞與小洞之間有留下正常的皮膚組織，所以小洞傷口的癒合非常快速，24小時就可以完成，而癒合的過程膠原蛋白會重組與新生，所以對於皺紋、毛孔粗大、凹疤等肌膚問題都有不錯的改善效果。

飛梭雷射這類型的儀器現在已經成為回春醫美市場中的主流，我想最主要的原因是它可以不像磨皮雷射這類侵入性雷射需要較長的恢復期，同時亦大大降低了傷口感染的風險，而相較於淨膚雷射、脈衝光等非侵入性光療回春儀器，雖然需較長的修復期，但其作用深度較深，所以回春效果相對顯著許多。

明顯有效的治療效果和短暫的修復期的確造就了飛梭雷射的火紅，但是美中不足的是，相較其他雷射美容，它是比較痛的雷射治療，有點像是許多小針扎

到皮膚的感覺，術中疼痛的程度和能量大小成正比，所以如果你是想要改善痘疤，選用的能量會比較高，自然就會比較疼痛，不過相較於磨皮雷射的痛，它又是小巫見大巫！所以對以前曾經接受過磨皮雷射的病人來說，飛梭雷射可是相當平易近人的治療呢！如果你是想改善肌膚的皺紋和鬆弛，就別太擔心疼痛問題，治療的能量相對會比較低，並不會有明顯的疼痛感，屬於一般人都可以忍受的範圍啦。術後當然還是會有灼熱感，冰敷三十分鐘後就會逐漸消退喔！

　　分段性雷射在現行台灣的醫美市場並不是只有二代飛梭雷射，還包括3D變頻飛梭(Sellas)雷射、奈米微創雷射(Mosaic)、晶鑽飛梭雷射(StarLux)、魔顏飛梭(Profractional)等等，中文名稱的混淆的確造成病人就診時的困惱，還曾經有真假飛梭之爭，基本上每種儀器有它的特性以及適合治療的肌膚問題，如果你想確認你接受治療的機種，我想英文名稱應該是會比較好確認的。

建議施打的對象

❶臉上凹凹凸凸的痘疤族。
❷毛孔粗大的油性肌。
❸臉上開始出現皺紋，肌膚鬆弛的熟女、熟男。
❹已有會洩漏年齡的頸部皺紋。

術後小叮嚀

　　飛梭雷射術後皮膚外表雖然看不出任何傷口，但是事實上還是有肉眼不易發現的極細小傷口喔，所以它是屬於微侵入性治療，修復期約需二至五天不等，術前兩天會有明顯的紅腫期，第三天開始就會逐漸消腫，膚色也會轉為淡淡的粉紅色，飛梭雷射術後的隔天雖然可以立即上妝，但是在此要提醒想「飛一下」的姐姐妹妹們，前兩天想要完全藉著化妝遮掩是不可

能的，除非你接受相對低弱的治療劑量，不過第三天後只要用點粉底遮瑕你就可以遮住淡淡泛紅的膚色了，所謂「No pain, no gain.」，愛美還是忍兩天吧！

7) 光波拉皮：緊緻拉提肌膚好幫手！

快速掃除細紋、老化，瞬間變年輕

不可不知！關於光波拉皮……

光波拉皮使用的儀器是波長為1064nm的長脈衝銣雅鉻雷射，它的作用深度可至中真皮層，藉著雷射光熱效應而促進上、中真皮層的膠原蛋白收縮與新生，可以改善肌膚彈性，使得皮膚變為較緊緻而且淡化皺紋，另外值得一提的是，長脈衝銣雅鉻雷射對於毛髮中的黑色素也有吸收效果，它也是一種除毛雷射，所以進行光波拉皮時也可除去臉上的汗毛，讓肌膚變得較為乾淨白皙，可說是一舉兩得喔。

光波拉皮對皮膚作用的深度不似電波拉皮那麼深，拉提效果也不像電波拉皮那麼強，原則上它需要多次的治療來達到預期改善的幅度，不過它最大的優勢是不需要任何修復期，術中也不太痛，只會感覺熱熱燙燙的，所以它是我維持皮膚緊緻最佳妙方喔！！

> 「想變美變年輕又怕痛，選它就對了，是我維持緊緻肌膚的妙方！」

建議施打的對象

❶ 肌膚出現彈性缺乏、皺紋等老化現象時。
❷ 臉型呈現線條下垂、臉部肌膚鬆弛。
❸ 怕痛又想要拉皮緊緻肌膚。

術後小叮嚀

雷射光波拉皮術後皮膚並不會有任何傷口，只會有輕微的紅熱感，這樣的狀況一般持續一兩個小時就會消退，術後可以立即上妝，所以是不需要任何修復期的，再者進行治療時並不會有明顯的疼痛感，只會

有溫熱感，所以對於怕痛又想抗老回春的你是最好的
選擇。當然囉，還是要提醒你，可別因為光波拉皮術
後不痛不養就輕忽了術後的肌膚照顧，別忘了任何的
醫美療程後，保濕和防曬的加強工作是馬虎不得的！

Radiofrequency／
8）電波拉皮：終結「肉鬆」最佳武器！

Up！Up！拉提臉部線條，V型美女必備
不可不知！關於電波拉皮……

> 「一次見效！
> 不用動刀，
> 找回年輕曲線。」

電波拉皮在台灣的醫美市場已經五個年頭了，
它是現在醫美回春儀器中可以作用到皮膚最深層的儀
器，也是拉提效果最好的，基本上只要一次治療即可
見效。「電波拉皮」，顧名思義，從字面上用白話文
解釋就是用電流、電熱來拉提肌膚，所以它不是雷
射，它是以6百萬赫茲的無線電波來加熱皮膚的真皮層
及皮下組織，造成真皮層以及脂肪層中隔內的膠原蛋
白收縮以及新生重組，使得原本鬆弛的皮膚變得更緊
緻，進而產生拉提效果，以改善下垂的臉部輪廓。

而這五年來電波拉皮的儀器和技術也不斷的進步
中，兩年前推出的STC探頭除了過去拉提緊致肌膚的
效果，比早期的TC探頭多了改善毛孔粗大、皮膚表
面紋理的功效，最近更推出了震動式探頭，讓治療中
的疼痛感降低了許多，對於許多想接受電波拉皮的治
療但是因為疼痛感而怯步的熟男、熟女不啻為一大福
音。除了臉部的拉提，它同時也有治療眼周專用的眼
部探頭來進行電眼回春以及面積達16平方公分的大探
頭來改善臀部下垂、水桶腰的身體曲線。

如果你是屬於不敢動刀又想找回緊緻V形臉的姊
妹們，那我想電波拉皮的治療會是你最好的選擇。當
然囉！畢竟它不是手術性的拉皮，也別預期它會有開
刀性拉皮的效果。

建議施打對象

❶ 臉部線條下垂,想找回年輕時的緊緻V形臉。

❷ 肌膚鬆弛、粗糙有皺紋,想找回年輕時的彈性肌膚。

❸ 重塑身體曲線,擺脫臀部下垂、水桶腰,蝴蝶袖的夢魘。

術後小叮嚀

　　做完電波拉皮不會有表皮傷口,所以完全不需要修復期,而且術後也不會有明顯的紅腫反應,你是可以立即上妝、上班的,這是它的一大優點喔,缺點是治療時會有些溫熱刺痛感,這可能是愛美的你需要忍耐的。不過術後就會完全不痛了,坊間可以見到許多標榜無痛電波拉皮,基本上如果是真的電波拉皮儀器,治療時應該還是要小痛一下下的,才能達到治療標的,術後也會有比較好的拉提效果!

Alexandrite Laser

9) 亞歷山大除毛雷射:和毛手毛腳說再見

美女專屬!夏日除毛效果最佳

不可不知!關於亞歷山大除毛雷射……

「想在夏天穿比基尼、秀出好身材的美眉,一定要做好除毛,否則就失禮囉!」

　　醫美市場上除毛的儀器很多,包括長脈衝銣雅鉻雷射、亞歷山大雷射、二極體雷射、脈衝光等,其中又以亞歷山大除毛雷射最熱門,它的波長為755nm,它對於毛髮中的黑色素有專一的選擇性,是除毛雷射中的最佳選擇。一般毛髮的生長週期分為生長期、休止期、代謝期三期,只有生長期中的毛囊中有最濃密的黑色素含量,所以只有這個時期的毛髮對雷射光的吸收效果最好,除毛效果最佳,至於還在休止期和代謝期的毛髮對雷射光則不會有反應,所以第二次的治療必須等毛髮轉換成生長期後再進行,大約一至三個月的時間不等,一般建議每次的治療間隔約六至八週,反覆接受三至四次的治療就能達到百分之七十至

八十的除毛率喔。

除毛雷射的疼痛度和毛髮量的多寡有密切相關性，所以第一次都會是最痛的，因為第一次的毛髮量是最多的，每擊一發雷射，皮膚會像被橡皮筋彈了一下，所以囉！可想而知，除腿毛應該會是最不舒服的，至於腋下和比基尼線的除毛，面積相對小很多，應該就輕鬆多了！

建議施打的對象

❶ 從小毛手毛腳，想永遠擺脫毛髮多的煩惱。
❷ 有落腮鬍但不想反覆、頻繁的刮毛。
❸ 腋毛、比基尼線毛髮茂密，妨礙夏天秀出姣好身材。

術後小叮嚀

亞歷山大除毛雷射術後皮膚表面只會呈現輕微紅腫現象，大約1~3天後就會逐漸消失，此時要加強防曬保養，就可以大大降低返黑的風險喔！

Pulsed Dye Laser ／
10) 脈衝染料雷射：「蜘蛛臉」的剋星

晉身美女第一步，還你乾淨的膚質

不可不知！關於脈衝染料雷射……

「對於臉上的惱人血管，可以有明顯改善，還你一張白淨的臉龐。」

血管中的含氧血紅素對波長595nm的脈衝染料雷射有很好的吸收性，雷射光能被含氧血紅素吸收後會轉變為熱能，進而選擇性的收縮去除血管病變，而且不會破壞表面的皮膚組織，所以它是皮膚上血管病變的大剋星，可治療的範圍包括紅色胎記酒色斑、血管瘤、臉上和腿部的微血管擴張、紅色青春痘疤等紅色印記。一般血管病變皆需多次治療，隨著要處理的肌膚問題而有差異，治療的間隔則為六至八週一次。相較於其它雷射治療最大的不同，接受脈衝染料雷射的

人術前並不適合擦上局部麻醉劑，密封的麻醉劑容易讓血管收縮，容易影響治療效果，所幸它不是疼痛性的雷射治療，所以不擦麻藥，免驚啦！

建議施打的對象

❶臉上增生許多大小不一似蜘蛛網的微血管絲。
❷臉上有紅色胎記—酒色斑。
❸青春痘遺留下的紅色疤痕。

術後小叮嚀

脈衝染料雷射相較於早期採用能量瞬間擊發的染料雷射，它對皮膚表面的破壞性較弱，所以治療中比較不疼痛，而且術後只會輕微瘀青三至五天喔，不像過去治療後呈現鼻青臉腫的樣子，術後只要用遮瑕膏遮掩一下即可正常上班。當然囉！還是要叮嚀你，雷射治療後防曬都是不可少的喔！

Q&A
問吧！
關於雷射美容的Q&A，一次搞清楚！

Q | **李醫師我到底要做白瓷娃娃？還是黑臉娃娃？兩者到底有什麼不同？好像都宣稱對毛孔粗大很有效？**

A | 這是在門診中病人時常會問我的問題，其實黑臉娃娃又稱作柔膚雷射，其實和淨膚雷射，也就是白瓷娃娃使用的雷射機種是相同的，唯一的不同在於柔膚雷射術前會先在臉上塗抹一層黑色碳粉作為外來的吸附性色素，宣稱可以加強雷射的光療效果，但是基本上筆者曾於三年前做過研究，基本上使用碳粉與否並不會改變雷射光對肌膚的療效。

Q | **我很想去除臉上的斑，但是時常聽到同事們作完雷射後返黑，到底脈衝光好還是雷射好？**

A | 我想正確答案是「適合自己的最好」。臉上的斑點

百百種，每一種醫美治療都有其優缺點，基本上曬斑和雀斑的雷射術後返黑機率低，大部分使用雷射治療可以一次清除，如果選擇脈衝光返黑的機率相對更低，但是需要多次治療來去斑，而且相較於雷射較易復發。至於像顴骨母斑、太田母斑等位於深層的斑點則只能用雷射治療，雷射術後結痂掉光後往往還是會看到殘留的咖啡色斑點，常常會被誤以為返黑，其實這是殘留的母斑細胞，只要再接再厲接受三至六次不等的治療，你就可以永久清除它，總之愛美是需要持之以恆的！如果你想去除惱人的斑點，我想色素斑雷射還是首選，只要選對雷射機種和能量設定，術後返黑的機率是可以大大降低的喔。

Q | **最近突然看起來老好多，我想讓皮膚緊實一點，現在醫學美容很流行，脈衝光、飛梭、電波拉皮一大堆的儀器，哪一種比較好？**

A | 那到底哪一種回春儀器最好？ 答案是「不一定」。建議大家，接受醫學美容治療前，要先瞭解一下各項儀器的原理、副作用、修復期、效果、價錢以及自己肌膚的狀況，期待改善程度等等，術前最好和你的醫師好好溝通，選擇一個最適合自己的，就是最好的。

Q | **電波拉皮可以維持多久？我要多久做一次？**

A | 電波拉皮是現在回春治療的儀器中作用最深、效果最持久的，到底多久要做一次？基本上這是沒有標準答案的，就看你對美的要求和你的老化速度了，如果對美的追求你是屬於完美主義者，那麼當然一年一次的電波拉皮治療絕對是你抗老的最好選擇。如果你的保養得宜，老的慢，那當然兩三年做一次治療就可以了！

Q | **我才三十幾歲就做電波拉皮會不會太早了？**

A | 當然是不會啊！電波拉皮屬於非侵入性治療，不像開

刀式的拉皮會破壞皮膚的結構，它主要是藉著電熱效應讓皮膚收縮以及分泌新的膠原蛋白，進而產生拉提感。由於三十幾歲肌膚已經逐漸進入第二階段老化，接受電波拉皮的治療是絕對不會太早的。

Q | **什麼是油切雷射？是用來控油的雷射嗎？**

A | 油切雷射的英文名稱是SmoothBeam，它是波長1450nm的二極體雷射，它的作用深度剛好是真皮層中皮脂腺的位置，藉著熱效應可以讓皮脂線縮小，皮脂的分泌變少，自然可以達到控油的效果，所以中文才取名為「油切雷射」，讓人一目了然。除了控油之外，對於皮膚它還有其它的附加價值喔，它可以治療好發於T字部位的黃色突起皮脂腺肥大，另外，由於可以減少皮脂腺的分泌，對於痘痘它也是一種輔助性的雷射治療。

Q | **什麼是粉餅雷射？那什麼又是光纖美白雷射？好像都可以讓皮膚變白，那一種比較好？**

A | 老實說，我第一次聽到這些名詞是從病人的口中。事實上，粉餅雷射、光纖美白雷射和淨膚雷射一樣，都是一種商業名詞，市場上最早打出粉餅雷射口號的機種其實是一台脈衝光，它並不是單一波長的雷射儀器，至於光纖美白雷射最早則是一台長脈衝的二極體雷射，後來媒體的推波助瀾下，好像只要說這些名詞就比較能吸引消費者，陸續就有一大堆不盡相同的儀器都號稱是這些雷射了。看到這裡是不是還搞不懂何謂粉餅雷射？何謂光纖美白雷射？我想那一點都不重要，因為那只是一時的流行術語，接受治療前不妨和醫師好好溝通，讓他確實了解你的需求並接受他建議的醫美治療比較實在喔！

Q | **為什麼電視購物賣的醫美療程都這麼便宜啊，它也說它是飛梭雷射啊，怎麼才三、四千元，和醫院價差這**

| 麼大？

A | 類似這樣的問題也是我門診中時常被問到的，這幾年來隨著醫美的盛行，這樣的醫療行為也被商業化了，事實上有許多醫美儀器都有一定的成本，羊毛出在羊身上的道理大家都懂，如果你要的是有品質的治療，還是別被價格戰蒙蔽了！

醫美／清潔

幾乎所有來諮詢醫美治療的患者都會問我術後可以用洗面乳洗臉嗎？答案是除了會剝除表皮層的磨皮性雷射，其它包括脈衝光、淨膚雷射、除斑雷射等通通都可以。只是剛作完雷射的皮膚一定會比平常敏感、脆弱，所以你選用的洗面乳要相對是溫和不刺激，洗後不會有緊繃感的產品，避開添加美白成分的洗面乳或是含去角質成分的控油、深層潔淨洗面乳。所以適合敏感性肌膚的清潔用品也非常適合雷射術後使用喔！

SAINT–GERVAIS／聖泉薇
低敏潔膚露
150ml NT：580
500ml NT：1380
潔淨度 ★★
保濕度 ★★
泡沫綿密度 ★
推薦理由：
「透明液狀質地，洗起來比較不會起泡，洗後肌膚不會緊繃，溫和不刺激，產品中有添加了甘油、蛋白質水解液保濕成分，增加洗後肌膚的潤澤感，缺點是有淡淡的香味。」

LA ROCHE-POSAY／理膚寶水
多容安泡沫洗面乳
125ml NT：650
潔淨度 ★★
保濕度 ★★★
泡沫綿密度 ★★
推薦理由：
「這是一款成份很簡單的洗面乳，專為敏感性肌膚設計的配方，不含香料、防腐劑等不必要物質，也沒有添加美白或去角質成分，選用的界面活性劑溫和不會刺激皮膚，值得推薦用於雷射術後。」

Avène／雅漾
修護潔面乳
200ml NT：810
潔淨度 ★★
保濕度 ★
泡沫綿密度 ★
推薦理由：
「強調不用水洗的洗面乳，洗後用面紙擦拭即可，但是我個人建議清潔後最好要再使用溫泉水噴拭，帶走殘留汙垢，選用的界面活性劑溫和不會刺激皮膚，產品成份也很簡單，不含香料、色素、油脂成分，是一款適合雷射術後的洗面乳。」

術後修復保養

醫美

術後修復保養的時期應該是做完治療的一至兩周內。在雷射術後保養品選擇上，有兩大要點你需要注意：保濕度一定要足夠、成分要溫和不刺激。術後的肌膚一般都會變得比平常乾燥，此時一定要加強肌膚的保濕，除非你是油面族，我建議以霜狀的產品為佳喔！另外一定要避開含有美白、抗老成分的機能保養品，選擇添加有舒緩、修復成份的保濕保養品。

LA ROCHE-POSAY ／ 理膚寶水
瘢痕速效保濕修復凝膠

40ml NT：600

保濕度 ★★
滋潤度 ★
修復度 ★★

推薦理由：

「含有維他命B5、積雪草萃取物修復因子、加速術後肌膚修復，有添加玻尿酸、甘由保濕成分。產品質地為凝膠狀，保濕度足夠，滋潤度稍嫌不足，適合輕熟女或春、夏季節雷射術後使用。」

A-DERMA ／ 艾芙美
燕麥高效舒緩保濕霜

40ml NT：990

保濕度 ★★★
滋潤度 ★★★
修復度 ★

推薦理由：

「保濕成分除了專利燕麥萃取，還有添加角鯊烷幫助修復皮脂膜，產品的滲透性佳，擦起來觸感十分滑順而且不會黏膩，因為溫和的特性，除了基本保濕也很適合雷射術後保養。」

---

theraderm ／ 臻水
多元保濕滋潤霜

120ml NT：850

保濕度 ★★★
滋潤度 ★★★
修復度 ★

推薦理由：

「這一款保濕霜的保濕度和滋潤度都很好，成分以神經醯胺為主打，可以幫助修復受損的皮脂膜，另外因為油脂的比例比較高，擦起來比較滋潤，比較適合熟齡肌或秋、冬季節的雷射術後使用。」

PART／03

3天變美不動刀

美麗耍個小心機，美得比誰都長久！

Get You Younger /
1) 肉毒桿菌素：熟女的救星

好神奇！瞬間年輕的祕密，
完全可以感覺到拉提肌肉的力量！

不可不知，關於肉毒桿菌……

> 「我最愛的抗老祕方，3天就能看得出成效！但不要一次打過量，以免表情不自然！」

肉毒桿菌素是近幾年來現在最熱門、最熱門的醫美治療，稱它為「熟女的救星」可真是一點都不為過。如果你還以為它只可以用於除皺那你可就落伍了。它在醫學美容的運用現在可不再只是侷限於最初的消除魚尾紋、皺眉紋、抬頭紋的除皺功能。近四、五年觸角更延伸至微整型的領域，包括改善方形的國字臉、下垂的八字眉和嘴角以及粗大的蘿蔔腿等等。而最新的發展就是可以改善鬆垮下垂的臉部線條，它作用的原理在於隨著我們年齡的老化，皮膚會越來越鬆，但是相反地你知道嗎？臉部肌肉反而是越老越緊喔，會長期呈現肌肉收縮狀態，因此如果在讓臉部線條下垂的肌肉上施打肉毒桿菌素，就可放鬆這些肌肉群，此時由於臉部上提的肌肉還是處與緊縮狀態，較下垂肌肉有力，所以就可以全臉向上拉提，重現筆直下顎曲線，產生UP UP的神奇效果！你還是看的霧煞煞嗎？別擔心你可以把它想像上提肌和下垂肌在進行一場拔河比賽，那一邊有力，當然就往那邊拉囉！

在此對微整型心動的你分享我的小祕密，施打肉毒桿菌素是我最愛的抗老祕方，原因在於它不僅僅能消除動態皺紋，它還可以讓因老化而緊縮的肌肉休息，避免肌肉長期過度收縮，造成上層皮膚的彈性疲乏，進而導致靜態紋的惡化，所以它可以說是治療兼預防，一舉兩得喔。其次在於肉毒桿菌素注射的整個療程非常快速又有效，只須數分鐘即可完成，作用會在三天後開始出現，十至十四天後達到最大效果，如果未達到預期效果，此時可請你的醫師追加劑量即可。一般來說，肉毒桿菌素注射最好分兩次，不要一

次注射太多，避免產生僵硬的表情，畢竟美也要美的自然囉！

施打肉毒桿菌素後的注意事項包括當天注射部位會有類似蚊蟲叮咬的小紅點，約十至十五分鐘就會消失，但少數人可能會在注射部位有瘀青的現象，特別是眼睛周圍，如果一旦產生，也是三至七天就會消失，所以別擔心！至於新聞曾報導過臉歪眼斜或是眼皮蓋不起來等極度少見的副作用，我想如果你找到的是有經驗的專科醫師，那是不會發生的。

一般肉毒桿菌素的效果可維持四至六個月不等，需要重覆施打維持療效，這可以說是缺點，但也可以說是優點，因為不會有永久性的副作用，所以是相當安全的治療。門診中常被病人問及，接受治療後如果以後不想打了會不會老得更快，答案當然是不會囉！別忘了肉毒桿菌素作用的這半年效期可以讓你緊縮的肌肉放鬆，避免皮膚過度拉扯，產生彈性疲乏喔！所以反而可以老得慢！只是在此還是要提醒姐姐妹妹們，追求年輕美麗可是會讓人沉迷的喔，當你已經習慣你的臉型呈現UP UP的樣子，當半年的有效期限過了回到了你接受治療前的樣子，當然你就會不習慣囉！

肉毒桿菌素的功效

❶ 消除動態皺紋

這是肉毒桿菌素最早的美容用途。藉著注射肉毒桿菌素可降低肌肉收縮而避免產生皺紋，對消除抬頭紋、皺眉紋、魚尾紋等上半部臉的動態皺紋效果極佳。

❷ 改善國字臉、塑造鵝蛋臉

作用原理為將適量的肉毒桿菌素注射到咀嚼肌以達到麻痺咀嚼肌的目的，使得原本肥厚增生的咀嚼肌

因為沒有辦法運動而逐漸縮小。不同於消除動態皺紋半年就必需重複接受治療以維持效果，對於國字臉的改善，一年接受一次即可，當連續重複兩至三次後，由於咀嚼肌長期處於萎縮狀態，因此大部分的人可以就此定型。當然囉，要提醒你，如果你想要維持住你的鵝蛋臉，對於魷魚絲、口香糖等有嚼勁的食物可是要忌口。

❸ 改善蘿蔔腿

如同治療國字臉的原理，注射肉毒桿菌素可以減緩過度發達肥厚的小腿肌肉，重塑小腿的優美曲線。當然囉如果你就是高跟鞋迷，那維持的效期相對會比較短，小腿的厚度會比較容易回到原形。

❹ 全臉拉提塑型

如同上文所提的就像拔河的原理，注射肉毒桿菌素於臉部下拉肌肉，以減緩收縮，相對來說，就等同於增加了臉部上提肌肉的收縮，進而達到全臉拉提、緊實的效果。

❺ 重現完美下顎曲線

將肉毒桿菌素注射於下顎與頸部交界，放鬆此處的下拉肌肉，進而達到拉提與重塑下顎曲線的效果。

Get You Younger！
2）玻尿酸讓你瞬間變年輕！

一針見效！填補臉上的凹痕
—— 讓肌膚恢復彈力

不可不知！關於玻尿酸……

「讓肌膚看起來水嫩有彈性，美麗耍心機，自然老得慢。」

近幾年來醫學美容治療的當紅炸子雞，當然首推玻尿酸注射，從台灣衛生署合格的玻尿酸第一支劑型——瑞施朗迄今，玻尿酸注射在台灣的醫學美容界已經走過七個年頭，如同肉毒桿菌素注射，它的進步在這幾年來也是相當前衛迅速的，每年總會有新的概念和劑型問市。從最早期的注射靜態皺紋，例如法令

紋、皺眉紋、淚溝等等，到後來擴展到微整型區塊包括塑造笑臉蘋果肌、豐唇、隆鼻、墊下巴等，可以說是在整型美容界大放異彩。最近玻尿酸微整型的新概念則是於全臉均勻的多點施打少量玻尿酸，以補充因為老化皮膚組織所流失的大量膠原蛋白和玻尿酸，讓乾扁鬆垮的臉型因為玻尿酸的補充進而產生拉提飽滿的鵝蛋臉。

當然囉！這麼神奇又迅速的效果我想愛美的你一定心動了。只是聽到要施打外來填充物進入皮膚組織大家多少還是會怕怕的。別擔心！現在作為美容用途的玻尿酸是「非動物性穩定型的玻尿酸」，與我們的皮膚組織相容性高，注射至皮膚內後可完全被人體吸收，進而被自己的玻尿酸水解酶分解，這是它相較於其他填充物最大的優點，當然囉！如同肉毒桿菌素，這是需要重覆施打以維持效果，因此不會有永久性的副作用，所以是相當安全的治療。

但是可別以為它只有暫時的效果就對它興趣缺缺，玻尿酸除了是微整型的利器，它也是一個抗老祕方，隨著老化，你的玻尿酸水解酶還是持續在作用，會分解你自己原本皮膚中的玻尿酸，注射外來的玻尿酸雖然最後還是會讓自己的玻尿酸水解酶分解，可是卻也保留了你原有真皮層中的玻尿酸不被分解喔，所以你當然會比別人老得慢囉！

注射玻尿酸的優點在於可以立即見效，施打後可以馬上看到效果，只是剛注射完一般會伴隨著皮膚組織的腫脹瘀青，約三至七天後才會逐漸消腫，如果此時覺得不夠飽滿，填充量不夠，可以再請你的醫師幫你進行第二次施打。一般來說，玻尿酸的注射最好也分為兩次，不要一次注射太滿，雖然它不會像肉毒桿菌素過量時造成外表僵硬的不自然感，但是過量的玻

尿酸填充容易給人產生過度飽滿的外觀。

玻尿酸的功效

功效1　消除靜態皺紋

　　這是玻尿酸注射最早的美容用途。對於靜止狀態下就呈現的皺眉紋、眼周細紋、法令紋等，這是最好的良藥，用「一針見效」來形容是最為貼切的。

功效2　填補凹陷、塑造平滑臉部線條

　　隨著老化，皮膚中的真皮組織會流失，脂肪組織也會萎縮，所以會在太陽穴和臉頰處產生凹陷以及形成淚溝，造成臉型呈現凹凹凸凸有菱有角，進而給人不甜美、疲態的外觀。玻尿酸可用於填補上述的凹陷處，重塑你年輕時的平滑曲線。

功效3　微整型美容

　　運用玻尿酸微整型雖然無法完全取代傳統整型手術，但是由於它運用的範圍很廣包括鼻整型、下巴整型、耳垂豐滿、笑臉蘋果肌、豐唇等，所以它對於一個想整型，但又不敢動刀的人是個好的選擇。相較於傳統手術，它的優點是當你不滿意術後的結果，你可以施打外來玻尿酸水解酶進行分解，不會有終生的遺憾。缺點當然是隨著時間一久，效期過了，就會完全吸收分解，你必須重複施打以維持微整型的效果。美麗果真是需要付出代價的！

功效4　全臉拉提

　　這是玻尿酸注射的最新概念，將玻尿酸少量多點均勻的施打於全臉，每點約注射0.01~0.15CC，每側臉約需注射六十至一百點，藉著多點注射的動作亦會刺激新的膠原蛋白新生。術後只會有三至五天的瘀青，因為每點注射量很少所以術後不會有明顯腫脹感，這對於因為老化所造成乾扁鬆垮的臉型是抗老回

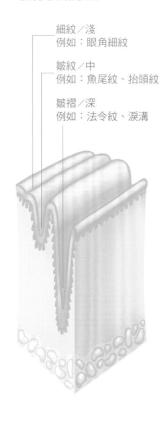

▼臉部紋路分類

細紋／淺
例如：眼角細紋

皺紋／中
例如：魚尾紋、抬頭紋

皺褶／深
例如：法令紋、淚溝

春的最佳選擇，因為藉由玻尿酸全臉的均勻補充你可以重拾你年輕時飽滿的鵝蛋臉，進而產生緊緻光滑的皮膚。

認識兩大主流玻尿酸品牌

現在台灣醫美市場上，經過衛生署合格的主流玻尿酸品牌主要有兩家，包括瑞典的奇美德Q-Med和美國的喬雅登Juvéderm，而每個廠牌都有不同的劑型，可以做不同部位的微整型，以下我將這兩個廠牌的劑型作個簡單列表。接受玻尿酸微整型前，不妨先問問你的醫師幫你施打哪一種劑型。

▼奇美德 Q-Med

劑型	顆粒大小	注射深度	適用部位	維持時間
Touch 薇絲朗	小顆粒	淺真皮層	細微細紋 眼周細紋 淚溝	6~9個月
Vital 特麗朗	小顆粒	中真皮層	頸部 手部皺紋	6~12個月
Resytlane 瑞絲朗	中顆粒	中真皮層	中層皺紋 皺眉紋 全臉拉提	6~12個月
Lipp 唇麗朗	中顆粒	中真皮層	豐唇	3~6個月
Perlane 玻麗朗	中顆粒	深真皮層	深層皺紋 鼻整型 淚溝 靜態皺眉紋 法令紋 太陽穴	6~12個月
Sub-Q 史麗朗	大顆粒	皮下組織	豐頰 太陽穴 笑臉蘋果肌	12~18個月

（PS：劑型依據分子顆粒大小不同，注射部位及深度也有所不同。）

▼喬雅登 Juvéderm

劑型	軟硬度	注射深度	適用部位	維持時間
Ultra 雅漾	較軟	上真皮層	細微細紋 淚溝 眼周細紋 全臉拉提	6~12個月
Ultra Plus 極緻	中度	中、深真皮層	中、深層皺紋 鼻整型 淚溝 靜態皺眉紋 法令紋 太陽穴	6~12個月
Voluma 豐顏	較硬	皮下組織	下巴整型 豐頰 太陽穴 笑臉蘋果肌	12~18個月

（PS：劑型依據凝膠硬度不同，注射部位及深度也有所不同。）

現在市面上已有許多合格的玻尿酸劑型，針對不同部位雖然都有最適合的劑型，但是我想上述表格只是作為一個參考，畢竟治療是因人而異的，舉例來說，一樣是淚溝，有的人深有的人淺，所選用的劑型自然會不同，至於施打劑量也是因人而異。再次提醒你治療前還是別忘了先和醫師好好溝通喔！

New Weapon of Nose

3) 微晶瓷：隆鼻新武器

不用開刀！扁塌鼻立即變高挺，摸起來就像真的一樣

不可不知！關於微晶瓷……

微晶瓷是這兩年來台灣醫美市場中的新力軍，也是一種填充物，不同於玻尿酸的醣多蛋白成分會讓施打玻尿酸後的皮膚摸起來觸感QQ軟軟的，微晶瓷的主成分是由鈣和磷組成，施打後皮膚摸起來的觸感硬硬的，因此特別適合用於鼻子和下巴的微整型。所以

「鼻子變高挺，臉部輪廓和線條也顯得不一樣，會有臉變小的錯覺！」

囉，如果你很想要有尖挺的鼻子又不敢開刀，我建議你選擇微晶瓷準沒錯，因為使用微晶瓷鼻整型不論看起來、摸起來都像是真的鼻骨喔，微晶瓷真可說是隆鼻的新武器。當然囉，它可不是只能作為隆鼻或墊下巴，除了扮演填充物這個角色，它也會刺激皮膚中新的膠原蛋白合成，補充原本已經流失的膠原蛋白，所以對於想矯正中度至重度的臉部皺紋和凹陷的人也是不錯的選擇。不同於玻尿酸有許多劑型可以選擇，可以施打於皮膚不同的深度，它只能注射於深真皮層和皮下組織層，所以像需施打於淺真皮層的淚溝或較淺的細紋，則不適合選用微晶瓷來填充。

　　微晶瓷與玻尿酸一樣，它也不是永久性填充物，效果可以持續一年至一年半，主成分中的鈣磷化合物施打入皮膚後，半年之後會開始分解成鈣離子、磷酸根，然後隨著身體的新成代謝逐漸分解，所以它也是相當安全的一種填充劑。注射微晶瓷相較於玻尿酸比較容易紅腫和瘀青，一般一個禮拜後就會逐漸消退。

微晶瓷的功效

❶ 鼻子整型和下巴塑形

　　這是微晶瓷現在最為廣泛的醫美用途，由於它偏硬的成分質地造就了它成為隆鼻和墊下巴的新利器，相較於玻尿酸，它不會位移，而且隨著施打時間的長久還是可維持剛打完時的立體鼻型，所以現在是鼻子和下巴微整型的新寵兒。

❷ 臉部大面積凹陷填補

　　微晶瓷除了可填充凹陷處，它還會刺激皮膚中新的膠原蛋白合成，所以也適合填充臉部大範圍的凹陷處，對於想要豐頰、打造蘋果肌、填補太陽穴的人，除了玻尿酸外，提供另一種選擇。

❸深層皺紋填補

　　相同於上述的原理，所以它也可以施打於較深的皺紋處，法令紋或是嘴角下方的木偶紋是比較常施打的位置。

Q&A
問吧！
關於微整型的Q&A，一次都搞清楚！

Q | **打過肉毒桿菌素後，以後不打了會不會老得更快？**

A | 當然不會囉！反而會讓你老得比較慢喔！這是我常在門診時常被問到的問題，肉毒桿菌素雖然只可以維持半年的療效，但是這半年來由於肌肉呈現放鬆狀態不會過度緊縮，拉扯上層的皮膚，所以皮膚比較不會彈性疲乏，也不容易產生靜態皺紋。

Q | **打肉毒桿菌素都會看起來很不自然嗎？**

A | 答案當然是否定的，這是許多想接受肉毒桿菌素治療的人心裡的一大障礙。十個來諮詢肉毒桿菌素治療的人有八個會問我打肉毒桿菌都會像電視上某些藝人那樣不自然嗎？事實上，自然與否和施打劑量的多寡、施打的深度息息相關，我想如果你選擇一個經驗夠的專科醫師應該相對就可以避免不自然的僵硬表情喔！

Q | **打玻尿酸會不會像小針美容一樣，老了以後在臉上形成一球一球的隆起物？**

A | 當然不會。玻尿酸不是永久性填充物，它的成分和我們真皮層中自有的玻尿酸相同，打入皮膚的玻尿酸會和皮膚組織相容，也會被自己的玻尿酸水解酶分解，所以最後都會完全消失。

Q | **我想要用微整型進行隆鼻，到底要用玻尿酸好，還是微晶瓷比較好？**

A｜我想兩者各有其優缺點，隆鼻的微整型美容，使用微晶瓷整出來的鼻根較為尖挺有形，摸起來硬硬的，和我們本身的鼻骨觸感相同，但是和玻尿酸相比之下，產生異物反應的比例較高。至於玻尿酸的最大優點就是它和皮膚組織的相容性高，注射至皮膚內後可被完全吸收，最後則會被自己的玻尿酸水解酶分解，但是時間一久，鼻形會相對比較不立體。

Q｜**玻尿酸的效期到底可以維持多久，怎麼有的說六個月，有的說兩年？**

A｜玻尿酸的效期大約從六個月至十八個月不等，範圍之所以這麼廣是因為玻尿酸維持多久會被許多因素影響，包括使用的劑型、容量以及你的老化速度喔！基本上顆粒越大或硬度越大的玻尿酸可以持續較久，打入的量越多越能抵抗被本身的玻尿酸水解酶分解，效期就會維持得久，如果你是屬於老得快的，生活中的環境因子容易誘發老化的殺手—自由肌，那當然玻尿酸的效期就會比較短。

結語
進化系美女，加油！

　　在看完整本書後，相信你已經找到最適合自己的保養方式。「天下沒有醜女人；只有懶女人」，不論你是先天麗質的美人或是後天養成的美女，只要用對保養方法並且持之以恆，必可讓自己的肌膚隨時隨地都保持在最佳狀態，你也就擁有了人人稱羨的美肌。

　　拜科技之賜，專業醫學美容治療的技術不斷地再進步，讓想積極追求抗老回春，以保有肌膚年輕光彩的你我，除了日常保養之外，多了更多、更有效的選擇。臨床中，看到求診者在專業治療後，因為變得更亮麗所獲得的快樂與自信，總能為我帶來許多成就感，我也期待著透過《美肌進化論》的出版，將所知和每一位讀者分享，也能讓更多愛美人士直達「美麗新境界」！

　　祝福你們！各位進化系美女！

李　美　青

國家圖書館出版品預行編目資料

美肌進化論 / 李美青著.-- 第一版. --
臺北市：文經社, 2010.09
面；　公分. --（家庭文庫：C187）
ISBN 978-957-663-620-2（平裝）
1. 皮膚美容學 2. 美容手術
425.3　　　　　　　　　　　　　99014267

C文經社

文經家庭文庫 C187

美肌進化論

著 作 人 — 李美青
發 行 人 — 趙元美
社　　長 — 吳榮斌
編　　輯 — 林麗文
美術設計 — 顏一立
出 版 者 — 文經出版社有限公司
登 記 證 — 新聞局局版台業字第2424號
＜總社・編輯部＞：
地　　址 — 104 台北市建國北路二段66號11樓之一（文經大樓）
電　　話 —（02）2517-6688
傳　　真 —（02）2515-3368
E - m a i l — cosmax.pub@msa.hinet.net
＜業務部＞：
地　　址 — 241 台北縣三重市光復路一段61巷27號11樓A（鴻運大樓）
電　　話 —（02）2278-3158・2278-2563
傳　　真 —（02）2278-3168
E - m a i l — cosmax27@ms76.hinet.net
郵撥帳號 — 05088806文經出版社有限公司
新加坡總代理 — Novum Organum Publishing House Pte Ltd.　　TEL:65-6462-6141
馬來西亞總代理 — Novum Organum Publishing House (M) Sdn. Bhd.　TEL:603-9179-6333
印 刷 所 — 通南彩色印刷事業有限公司
法律顧問 — 鄭玉燦律師 (02)2915-5229
發 行 日 — 2010年　9　月　第一版　第　1　刷
　　　　　　　　　　 9　月　　　　　　第　2　刷

定價 / 新台幣 300 元　　　　　　　　Printed in Taiwan

文經社網址http://www.cosmax.com.tw/或「博客來網路書店」查尋文經社。

LA ROCHE-POSAY
LABORATOIRE DERMATOLOGIQUE
理膚寶水皮膚醫學研究室

敏感性皮膚限定

耐受性差、極敏感皮膚

TOLERIANE
多 容 安 系 列

全系列無香精、無防腐劑、無酒精
適合醫學美容手術後照護保養

TOLERIANE FLUIDE
多 容 安 濕 潤 乳 液

特點：

■含LA ROCHE-POSAY溫泉水

■針對台灣油性及混合性耐受性差膚質所研發之清
爽調理乳液

■質地細緻清爽舒適，滲透力強、吸收快

■不生粉刺配方

■舒緩鎮靜及改善皮膚發炎、脫皮等問題

適用範圍：

■適用於果酸、雷射術後皮膚之照護

■中油性、低耐受性及一般皮膚適用

LA ROCHE-POSAY
LABORATOIRE PHARMACEUTIQUE

TOLERIANE
FLUIDE
À l'eau thermale de La Roche-Posay

EMULSION NON GRASSE
PROTECTRICE APAISANTE
Peaux intolérantes mixtes à grasse

Sans parfum . Sans conservateur
Fragrance-free . Preservative-free

SOOTHING PROTECTIVE
NON-OILY EMULSION
Combination to oily intolerant skin

40 ml - 1.35 FL.OZ.
Made in France

glōminerals™
葛 羅 氏 礦 物 質 彩 妝

專業醫師信賴的問題肌膚彩妝品牌
彩妝師創造完美底妝的首選

完美底妝三姐妹
痘痘肌、敏感肌、療程後肌膚皆可使用

無瑕粉底液 40ml / NT$ 1,850
葛羅氏採用天然的礦物質為原料，用獨特技術提煉成超細
微粉末，創造兼具遮瑕和抗老化的雙重美麗效果。

基礎粉餅 10g / NT$ 1,850
為攜帶方便而設計的壓縮粉餅，質感柔滑，不易阻塞毛孔，
讓您隨時隨地輕鬆上妝。

眼部遮瑕膏 3g / NT$ 1,400
能修飾眼週暗沉、黑眼圈等皮膚問題，色選齊全，讓您的
膚色呈現自然的絕佳狀態。

黃褐斑問題
使用葛羅氏蓋斑膏及
眼部遮瑕膏，可遮瑕
斑點、瑕疵，還給肌
膚均勻好膚色。

青春痘問題
使用葛羅氏基礎
、蓋斑膏及眼部
膏，可遮瑕紅腫
並均勻明亮膚色

銷售據點 全省各大醫療院所

北衛粧廣字第098080343號